恒星社厚生閣

福江純 編
FUKUE JUN

天文マニア養成マニュアル

はじめに

　太陽は夜明けとともに東から昇り，夕べには西へ沈む．月は，三日月になったり半月になったり，満月になったり，いろいろに形を変えるようにみえる．晴れた夜空には，星々が輝き，星々が形作る星座が賑わっている．毎日忙しく暮らしていると，空を仰ぎ見ることはあまりないかもしれないが，ときどき目を上げて天界を眺めてみると，そこには様々な変化があることが見て取れるだろう．

　夕方に，部屋の中や帰宅途中などで，西の空を眺めることができる人は，太陽が沈む場所や時刻が季節によって違うことに気づいているのではないだろうか．満月が東の空に昇るのは，常に日没の頃だと気づいている人もいるかもしれない．季節によって夜空に見える星座が違うことを知っている人は多いだろう．さらに星座の星々の中では，位置を変える明るい星－多くは惑星－が動き回っていることもある．注意深い人は，星々の色合いが少しずつ違うことにも気づいているだろう．

　このような少し注意すれば日常的な生活の中でも観察される天体現象がある一方で，宇宙探査機は，太陽や月面や小惑星や火星などの詳細な画像を送ってくる．地上に設置された巨大な望遠鏡や軌道に打ち上げられた天文観測衛星は，肉眼ではわからない星々や星雲の姿を露わにし，銀河や宇宙の果ての様子を明らかにしつつある．誰も見たことがないのに，今では私たちは，宇宙のあちこちにはブラックホールと呼ばれる時空の裂け目が存在していることを"知っている"し，ダークマターと呼ばれる得体の知れないものがたくさん存在していることも"知っている"し，さらに宇宙そのものが約137億年前に誕生し現在も膨張し続けていることを"知っている"．

　本書は，身近な天体現象から最新の天文学の成果まで，できるだけ日常生活とのつながりを保ちながら，系統的に紹介した教科書（ガイドブック）である．現代に生きる私たちが，天界の書物を読み解くために知っておいて欲しい最小限のことがらを盛り込んだ．もっとも"教科書"とは言っても，事実だけを書き並べたものではなく，教育現場で働いている執筆者それぞれが，自分たちの体験なども織り込みながら，あるいは身の周りのことがらとも関連づけながら書いたものなので，天文学の専門家が書いた教科書よりも，むしろ平易で受け止めやすいものになっただろうと思っている．

　中学生ぐらいからであれば，本書の内容はある程度はわかるだろうし面白いと思う．高校生さらに大学生まで，それぞれの年齢で本書の内容は読み方が異なりつつ，十分に理解できるだろう．もちろん天文学を教えるのに苦労している小学校や中学校や高等学校の現場の先生にも本書は是非お勧めしたい．さらに天文学には関心があるものの数式などは苦手な一般の方々にも本書はピッタリではないかと思う．本書を読みこなして，天文マニアはもちろんのこと，さらに「天文マスター」や「天文リーダー」となっていただきたい．

　本書の構成は以下のようになっている．まず第1章で，日常の生活で見られる天体現象について，主に太陽と星の動きを紹介した．第2章では，月の満ち欠けと日食・月食について説明した．

これら第1章と第2章の多くは小学校高学年で習う内容である．続く第3章では，太陽と月と太陽系の天体について，最新の画像なども合わせ，その天文学的な実像に迫った．第2章から第3章にかけては，その多くは中学校で習うような内容である．そして第4章では，天界に輝く星々の性質と実体について，きわめて基礎的な立場から解説した．概ね高等学校の地学で習うことがらである．また第5章では，私たちの宇宙全体について，銀河系や銀河そして宇宙の膨張と宇宙における人間の立ち位置まで，話を進めた．この章も，概ね高等学校地学で習う領域だろう．最後に第6章では，天体望遠鏡について，その構造や使い方などを概説した．天体望遠鏡を使ったことがない人も，おそれずに使ってみて欲しい．

できるだけ平易な内容とするため，複雑な概念や数式などは本文には出さないようにした．そして数式など少し難しい内容は「コラム」に，ちょっとしたネタやトリビアな話などは息抜きとして「コーヒーブレイク」にまとめた．またいろいろな現場ですぐに役立ちそうな「お役立ちアイテム」なども用意したので，いろいろ試してみていただきたい．未来の天文マスターのために「未来の指針」というコーナーも用意した．

本書をきっかけに，天界や私たちの住まう宇宙について関心をもっていただき，さらに自然の世界についてもっと知りたいと思ってもらえれば，著者一同としては，望外の幸せである．

著者を代表して，編者

執筆者一覧

*編者

第 1 章	福江 純*	大阪教育大学
	渡辺洋一	大阪市立玉出中学校
	成田 直	川西市立北陵小学校
	河野明里	貝塚市立西小学校
第 2 章	仲野 誠*	大分大学
	吉川寛子	福岡市立赤坂幼稚園
	深町勝幸	別府市立朝日中学校
	森永成一	指宿市立開聞中学校
第 3 章	西浦慎悟*	東京学芸大学
	上原 隼	桐朋中学・高等学校
	川畑理気	市川市立南新浜小学校
	室井恭子	国立天文台天文情報センター
第 4 章	松村雅文*	香川大学
	畠 浩二	岡山商科大学附属高等学校
	鈴酒明日香	香川県立丸亀高等学校
	高橋一栄	丸亀市立城西小学校
第 5 章	富田晃彦*	和歌山大学
	有本淳一	京都市立塔南高等学校
	米原悦子	島本町立第一小学校
	柴原由果	たつの市立龍野西中学校
第 6 章	松本 桂*	大阪教育大学
	蜂屋正雄	草津市立笠縫東小学校
	塩津朱里	杉並区立科学館
	生川朱美	川越町立川越中学校

もくじ

はじめに iii
執筆者一覧 v

第1章
オリオン座がどうして冬の星座なのか
太陽と星の動き 001

1.1 日向と日陰と太陽の動き 002
 COLUMN 北極ではどっちが南？ 004
 COFFEE BREAK 正午 006
1.2 動いているのは太陽か地球か 007
1.3 星座物語と季節の移り変わり 009
 1.3.1 地球の公転と星の動き 009
  COLUMN 黄道と春分点 011
  COFFEE BREAK 黄道十二星座と春分点 012
 1.3.2 季節の違いの原因は？ 013
  COLUMN 太陽日と恒星日 014
  COLUMN 閏年と秒 016
  未来への指針 高校時代に学んでほしいこと 017
  お役立ちアイテム 立体星座 018

第2章
月はどうして形を変えるのか
月の満ち欠けと日月食 021

2.1 月の満ち欠けと1ヵ月の関係 022
 COLUMN 恒星月と朔望月について 024
2.2 皆既月食の月は，なぜ赤い？ 025
 COFFEE BREAK 月の名前 029
2.3 皆既日食がみられるのは人類の時代だけ？ 030
 COLUMN 見かけの大きさを計算してみよう 033

COFFEE BREAK　黒い太陽	034
COFFEE BREAK　影と陰	035
お役立ちアイテム　簡易月球儀	036

第3章

地球の仲間たち
太陽系の最新像 ... 039

3.1　太陽の表面は燃えているのか？ ... 040
- 3.1.1　太陽の構造 ... 040
- 3.1.2　太陽表面の諸現象 ... 042
- 3.1.3　太陽活動と人間社会 ... 044
  - 未来への指針　大学時代に学んで欲しいこと ... 045
  - COLUMN　太陽は水素爆発で燃えているわけじゃない ... 046
  - COFFEE BREAK　とっても怖い？太陽フレアの話 ... 048

3.2　月の裏側はなぜ見えない？ ... 049
- 3.2.1　月の姿と起源 ... 049
- 3.2.2　月の潮汐力で起こる満潮と干潮 ... 051
- 3.2.3　地球の1日と月までの距離 ... 052
  - 未来への指針　小学校の先生になるために ... 053
  - COLUMN　月面ではためく？星条旗 ... 054
  - COLUMN　実は月の裏側も少し見えている！？ ... 055
  - 未来への指針　中学校理科教師の醍醐味 ... 055
  - COFFEE BREAK　地平線の月は大きく見える！？ ... 056

3.3　まだまだ謎の多い太陽系の天体 ... 058
- 3.3.1　太陽系の概要 ... 058
- 3.3.2　地球型惑星―水星，金星，地球，火星 ... 060
- 3.3.3　小惑星 ... 064
- 3.3.4　木星型惑星―木星，土星 ... 065
- 3.3.5　天王星型惑星―天王星，海王星 ... 067
  - 未来への指針　宇宙や天文に関わる仕事をするには？ ... 069
  - COFFEE BREAK　海王星の発見 ... 070
- 3.3.6　太陽系外縁部 ... 071
- 3.3.7　太陽系の誕生 ... 072
  - COLUMN　ケプラーの法則 ... 073
  - COFFEE BREAK　惑星の名前の由来は？ ... 074

お役立ちアイテム　ナノ太陽系 075

第4章
夜空に輝く星々の世界
星の明るさと星の色 077

4.1 マイナス等級の星がある！？ 078
　　COFFEE BREAK　きらきら瞬く星は？ 079
　4.1.1 星の明るさ 080
　　COLUMN　等級を計算する 083
　　COFFEE BREAK　星間を伝わる星の光も夕焼け効果を受ける 084
　4.1.2 星の明るさが変わる！？ 085
　　COFFEE BREAK　全天の恒星の数 087
4.2 緑色の星がない理由 088
　4.2.1 光のスペクトルとは 088
　　COLUMN　黒体放射とステファン・ボルツマンの法則 090
　4.2.2 太陽のフラウンホーファー線 091
　4.2.3 恒星の色と表面温度 092
　　COLUMN　本当は複雑な星の色 094
　　COFFEE BREAK　緑色に"見える"星 095
4.3 明るさと色から星々を分類してみよう 096
　4.3.1 "色"で分類する 096
　4.3.2 "明るさ"で分類する 097
　4.3.3 "明るさ"と"色"の2次元図で分類したHR図 097
　　COLUMN　色指数 101
　　COFFEE BREAK　SFの星々 103
　　お役立ちアイテム　ペーパー分光器 104

第5章
宇宙は137億歳
われわれの住まう宇宙 107

5.1 天体の階層構造 108
　　COLUMN　Mitakaを見たか？ 115
　　COFFEE BREAK　銀河という名前 116

	COFFEE BREAK 銀河系中心のモンスターブラックホール	116
5.2	宇宙の進化	117
	COLUMN ハッブルの法則	121
	COFFEE BREAK 宇宙元素組成比	122
5.3	宇宙の中の人間	123
	お役立ちアイテム パワーズ・オブ・ハンドレッド	125
	お役立ちアイテム コスモカレンダー	126

第6章
望遠鏡は華奢じゃない！
望遠鏡のしくみと使い方 … 127

6.1	望遠鏡のしくみ	128
	6.1.1 望遠鏡の役割	128
	6.1.2 望遠鏡の構成	128
	6.1.3 望遠鏡の種類	129
	6.1.4 架台	130
	6.1.5 望遠鏡の性能	131
	未来への指針 天文学者とは……	132
	COLUMN 倍率について	133
	COFFEE BREAK 世界最大の望遠鏡は？	134
6.2	望遠鏡の使い方	136
	6.2.1 まず準備しよう	136
	6.2.2 実際に星を観よう	138
	6.2.3 「星が見えない」とき	139
	COLUMN 赤道儀の場合	140
6.3	昼間にできること	142
	6.3.1 投影法による太陽観察	142
	6.3.2 専用フィルターによる太陽観察	144
	6.3.3 月の観察について	144

おわりに	145
索引	147
編者紹介	151

第1章

オリオン座がどうして冬の星座なのか
── 太陽と星の動き ──

第 1 章

1.1 日向と日陰と太陽の動き

郊外へハイキングに行ったときなど，木陰にお弁当を置いて遊んでいるうちに，いつの間にか日が当たっていて，お弁当の中身の心配をしたという経験はないだろうか（図 1・1）．もちろんお弁当が勝手に動いたわけではない．これはつまり "影の方が動いた" ということだ．

図 1・1 お弁当を入れたリュックサック（左）と 40 分後の様子（右）

では，影が動いたのはなぜだろうか？ 木々など物体の影というものは，必ず光源（文字通り "光" の "源"）の反対側にできる．昼間の屋外で晴れていれば，太陽が光源になる．ということは，影が動いたのは太陽が動いたからだということを意味している．

ここで太陽の位置や動きを少し想像してみたい．もし朝に太陽がどちらの方角にあるかと問われれば，たいていの人は「東」と答えることができるだろう．では，逆に，いま，東はどちらの方角かと問われて，自信をもって指し示すことはできるだろうか？ これが意外と難しい．知識として太陽は東から昇ると知っていても，そもそも，その東がどちらの方向にあるかなんて普段は意識していないだろう．

東西南北を考えれば，東の方角は，南を向いて立ったときの左手側である．そして右側は西，後ろは北ということになる．では南の方角をどうやって知るのか？ これは日常生活の中からも知ることが可能だ．実は多くの家のベランダは南の方角についている．つまり，自分の家がそうでなくても，町を見渡して多くのベランダが設置されている方角が南だろうとおおよそ知ることができるわけだ．せめて，自分の家のどの窓がどの方角かぐらいは知っておいてもらいたい．

つまり何が言いたいのかというと，ベランダが設置されている南の方角が太陽の通り道なわけである．もちろん，日当たりの良い方が洗濯物はよく乾く．きちんと建てられた住宅はちゃんと

そういうことも考えて建てられているのだ．すなわち，太陽は東から昇ってきて，南の空高くを通り，西に沈んでいくのである（図1・2）．北半球にある日本では，北の空高くに太陽が輝いていることはないのだ．

さて，話を冒頭のお弁当に戻そう．いま，太陽の通り道がわかった．そのことを考えれば，影の動きを先読みすることができるだろう．朝方，太陽が東にあるときは木の影は西に向かって伸びている．太陽は南に向かうにつれて段々と高くなる（高度が上がる）ので，影は段々と短くなりながら北へ動く．そして正午頃に太陽は真南にくる（このことを南中という）．そして太陽が西に傾いていくと，影は伸びながら東へ移動する．このような太陽の動きを頭に置いて，影がどちらに移動するかを考え，影が移動する方向にお弁当を置いておけば，中身を心配する必要はないのである．お弁当の中身を気にせずにハイキングやピクニックを楽しもう．

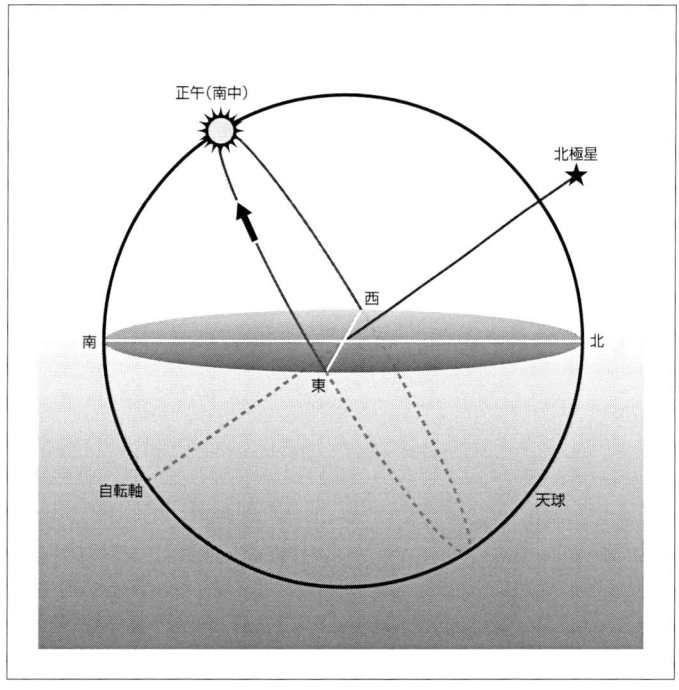

図1・2　太陽の通り道と方位

北極ではどっちが南？

天体の位置を記録するときには，まず方位を確かめる．南を向いたとき，左手が東，右手が西，背の方が北となる（図1・3）．

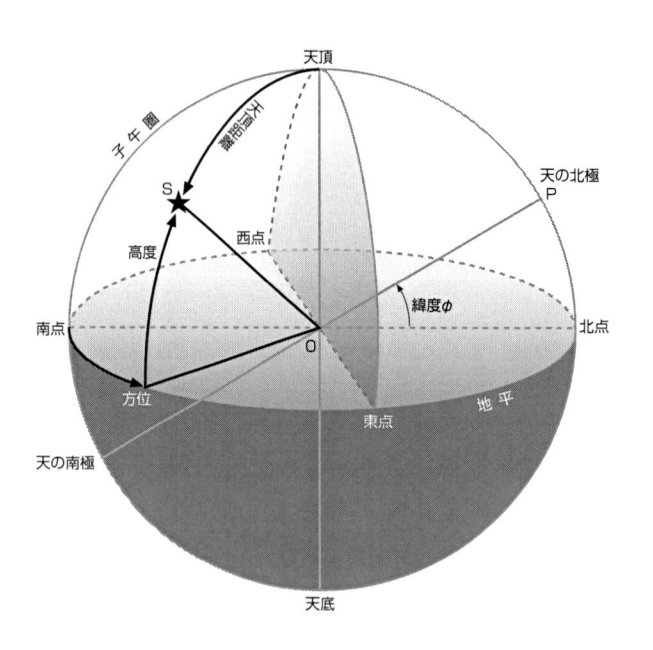

図1・3 天体の方位と高度

では，そもそも**方位**はどのように決まっているのだろうか．地球は北極と南極を通る軸—**地軸**—の周りを自転している球体だ．その地球の上では，北極の方向が"北"で南極の方向が"南"，そして回転方向が"東"で回転と反対方向が"西"になる．地球は磁場（地球磁場）をもっていて，地球磁場の極が北極や南極付近にあるため，磁石（コンパス）を使えばおおまかな方位を求めることができる．しかし磁石で求まる方位はあくまでもおおまかな方位であって，方位は正確には地球の自転に基づいて決定されている．

またしばしば，「北極星の方向が北」と言われる．これは地軸の一方の延長線上に星（北極星；こぐま座α星）があって，1日のどの時刻にあっても，1年のどの季節であっても，ほぼ同じ位置に見えるので，北極星を基準としているものだ．また地球が自転するにつれて回転方向に太陽（や月やその他の天体）が見えてくることになるので，太陽（や月やその他の天体）は"東から昇る"ことになる．

次に天体の**高度**はどのように表わすか．建物や山の高さのように実際の長さで測ることはできない．天体の高度は，観測者が天体を見上げる角度，つまり地平面から測った角度で表わす．なお，太陽が真南にくることを南中と呼んだが，そのときの太陽の高度を**南中高度**と呼んでいる．

ところで，地上から観測した北極星の高度は観測者の緯度に等しい（図1・4）．そこで，北半球であれ

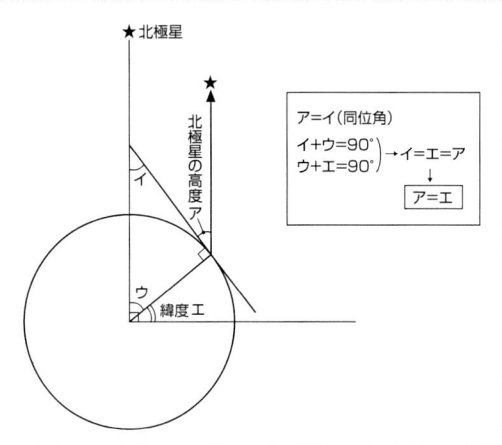

図1・4 緯度と北極星の高度の関係

ば，北極星を観測すればどの地点でも緯度を計算することができる．たとえば，京都では北極星の高度は約35°なので，京都の緯度は北緯35°になる．このことを知っていれば，GPSなどに頼らなくても緯度を知ることができる．

ただし，非常に長い期間を考えた場合，自転している地球はコマの首ふり運動のような動きをする．これを**歳差運動**という（図1・5）．地軸の歳差運動の周期は，約2万5800年である．この歳差運動のために地軸の方向が変化するので北極星が常に北極星であるわけではない．たとえば，紀元前1万年頃にはこと座α星のベガが北極星であった．また，西暦1万年頃にははくちょう座α星のデネブが北極星となる．

さて，ここでひとつクイズを出してみよう．北極ではどっちが南だろうか？　正解は「どこを向いても南」である．北極の真裏が南極に当たるため，北極ではどこを向いて出発しても南極にたどりつく．また東や西を決めることができない．もっとも，1歩でも北極から離れたら，東西南北を決めることができる．

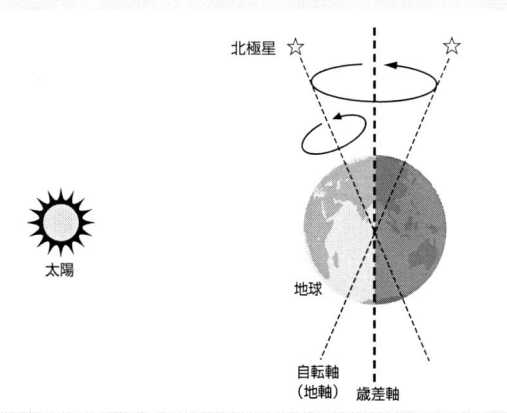

図1・5 地球の自転と地軸の歳差

第1章

☕ Coffee Break 正午

日常の生活では，昼の12時を**正午**と呼ぶ．なぜ，"正午"なのだろうか？ これは十二支を使って時刻を数えていたときの名残なのである（図1・6）．すなわち，かつては，十二支の子（ね）丑（うし）寅（とら）卯（う）辰（たつ）巳（み）午（うま）未（ひつじ）申（さる）酉（とり）戌（いぬ）亥（い）で1日を12区分して，昼の11時から13時までを午（うま）の刻としていた．その真ん中の時刻で正午というわけだ．同じように，**午前**と**午後**は，そのまま正午の前と後という意味である．

では，真夜中の0時はどうなるだろうか？ 順番を数えれば，"正子"となる．さらに「草木も眠る丑三つ時」も何となくわかってくるだろう．丑（うし）の刻はだいたい夜中の1時から3時ぐらいである．その間をさらに4つに分けた3つ目の時間帯で，だいたい2時から2時半ぐらいの時間帯にあたる．夏場であれば4時ぐらいには夜は白みかけるから，丑三つ時は最も夜が深い時間帯であることを意味している．

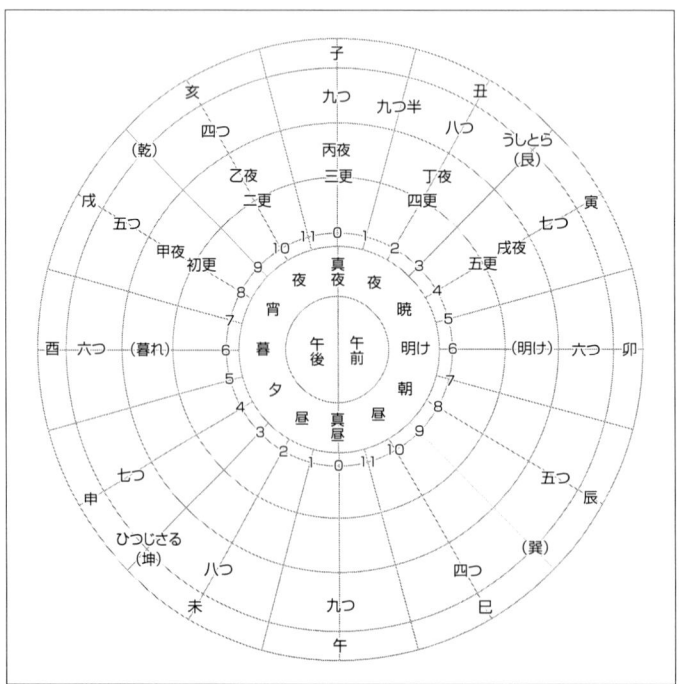

図1・6 昔の時間帯

1.2 動いているのは太陽か地球か

いままで，日常の習慣的な言い方として，太陽は東から昇って南の空を通り西へ沈んでいくと書いてきた．しかしここで，衝撃の事実をお伝えしよう．実際には，太陽は位置を変えていないのである．それでも，どう見たって朝方に東にあった太陽は，夕方には西へ移動している．これは一体どういうことだろうか．

これがいわゆる「**地動説**」と「**天動説**」の論争そのものである．動いているのは地面か，それとも天か．もちろん現在では，この論争には決着がついており，動いているのは地面（地球）の方で，天は動いていないことがわかっている．しかし，そう言われても実感としてピンと来ないのが本音ではないだろうか？実感するのは難しいかもしれないが，以下で同じ原理を紹介するので理解の助けになればうれしい．

公園にある回転遊具や遊園地にあるメリーゴーラウンドに乗ったときのことを想像してみよう．それらが近くにあれば，想像するだけでなく実際に乗ってみてほしい．自分が回転することによって，その回転方向とは逆向きに周りの景色が回るのがおわかりいただけるだろうか？位置を変えていない太陽が東から西へと動いて見えるのはこれと同じことで，地球が西から東の方向へ回転しているためだ．ボールをコマみたいにくるくると回したように，地球は宇宙空間でくるくると回転しているわけだ．この地球の回転を地球の**自転**と呼ぶ．地球が自転しているために地上から見ると太陽が動いているように見えるのである．太陽が1日かけて地球の周りを動くことを地球の自転による太陽の**日周運動**という．

第4章で述べるが，実は夜空に輝く星座を形作る星々も，太陽と同じように自ら光を出している**恒星**と呼ばれる天体である．太陽だけが極端に近くにあり（それでも約1億5千万km，光の速さでも約8分かかる距離），他の星々が遠くにあるだけのことだ．ということは，星たちも実際にはその位置を変えていないが，地球から見ると太陽と同じように動いて見えるはずである．実際に星座を見つけることができる人は観察してみるとすぐに確認できるが，星座の星々もちゃんと東から昇ってきて南を通り西へと沈んでいく（図1・7）．これは星の日

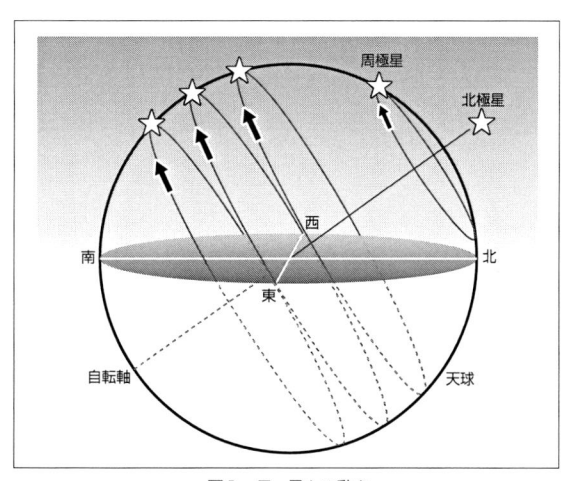

図1・7 星々の動き

第1章

図1・8 北極星の周りの星の運動（提供：藤井旭）

周運動である．

では，目を北の方角に向けてみよう．太陽と違って星は北の空にも見える．代表的なものとしては北斗七星やカシオペヤ座が挙げられるだろう．それらの星たちは一体どのように動いて見えるだろうか．実は，北の空の星たちは円を描くように反時計回りに回転して見える（図1・8）．これら地平線の下に沈まない星々を**周極星**と呼ぶ．その中で唯一，動かない星がある．北の星たちの回転軌道が描く円の中心に位置する星だ．それが，かつては航海中の目印にも使われたと言われる**北極星**だ．

向こうは動いていなくてこっちが回転しているのだから，南の空に見える星たちも下半分の様子がわからないだけで，円を描きながら運動しているように見えるはずだということは想像できると思う．しかしどうして南の空では東から南を通って西へという半円運動しか見られないのに，北の空では円運動のすべてが見られるのだろうか．

これは地球の回転軸が傾いているのが原因である．図1・9は**透明半球**といって，夜空の星が透明な半球に張り付いていると想像するための道具である．この半球の底面の中心に立っていることをイメージしながら考えてみよう（図1・7なども参照）．

図1・9 透明半球

さあ，半球を貫く一本の直線がある．もちろん実際に地球にこのような棒が突き刺さっているわけではないが，このような見えない直線を軸として地球は回転している．これが地球の回転軸（地軸）だ．そしてその回転軸の延長線上にあるのが北極星で，だから北極星だけは位置が変わらずにいつもそこにあるように見ることができるわけだ．図を見ると，北極星から離れるにしたがって星の軌道が描く円の直径が大き

くなっていくのがわかるだろう．やがて赤道を越えると再び直径は小さくなっていくが，途中から円の上部しか見えていないことに気づくだろうか．これがまさに北では星の軌道が描く円がすべて見えて，南の空では一部しか見られない理由である．

1.3 星座物語と季節の移り変わり

清少納言の枕草子では，「春はあけぼの．やうやう白くなりゆく山際，少しあかりて，紫だちたる雲の細くたなびきたる．」からはじめて，夏・秋・冬までの風流が詠われている．日本は昔から四季それぞれの季節感を大切にしてきたことがよくわかる．星を眺めるのが好きな人は，季節によって，夜空に見える星座が変わることにお気づきだろう．では，その原因を考えたことはあるだろうか．また，季節の変化はなぜ生じるのだろうか．移ろいゆく季節の背後には，宇宙のリズムが隠されているのだ．

1.3.1 地球の公転と星の動き

地球は1年かけて太陽の周りを一周しており，地球の衛星である月は1ヵ月かけて地球の周りを回っている．太陽系にある他の惑星も，それぞれのペースで，太陽の周りを回っている．このように，他の天体の重力により，その天体の周りを周期的に回ることを**公転**という．公転する天体は，それぞれの通り道である軌道をもっている．

そして太陽の周りの地球の公転が，季節による星座の見え方の違いの原因になっている（図1・10，表1・1）．地球が1年かけて太陽の周りを回るので，地球がどの位置にあるかによって見える星座が変わる．たとえば，さそり座は夏の夜空の南で見えるし，オリオン座は冬の夜空高くに見えることになる（図1・11）．そして，1年かけて地

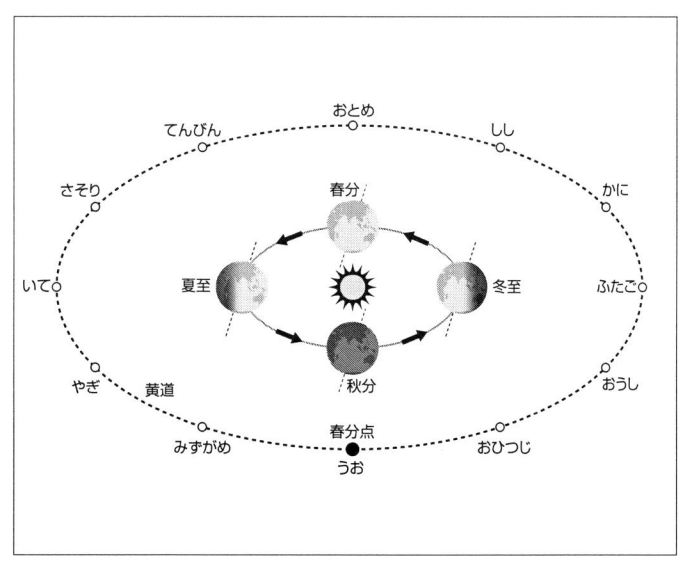

図1・10 地球の公転と季節の星座

第1章

球が元の位置に戻ると，見える星座も元と同じになる．この動きを，地球の公転による**年周運動**という．

表1・1 季節の主な星座

春の星座	うしかい座，おおぐま座，おとめ座，しし座
夏の星座	いて座，こと座，さそり座，はくちょう座，へびつかい座，ヘルクレス座，わし座
秋の星座	アンドロメダ座，カシオペア座，ケフェウス座，ペガスス座，ペルセウス座，みずがめ座，みなみのうお座
冬の星座	おうし座，おおいぬ座，オリオン座，ぎょしゃ座，こいぬ座，ふたご座

注）季節の星座と言っても，夜になったばかりや朝方には他の星座が見えることもある．その季節の夜中に見えやすい星座の目安だと考えてほしい．

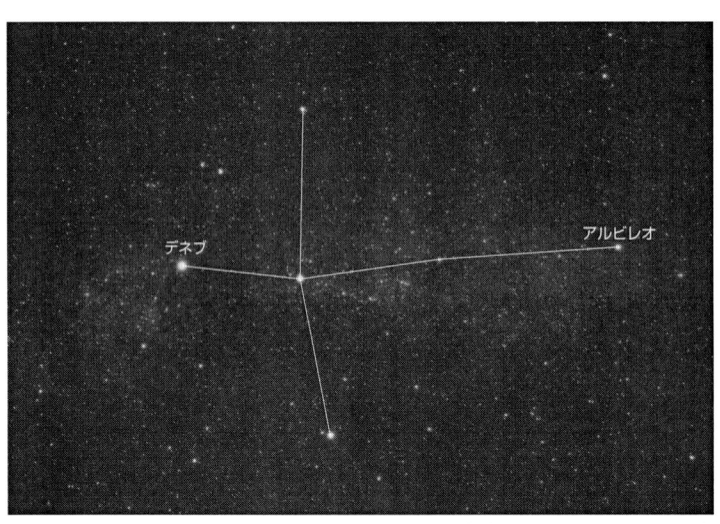

図1・11　夏の星座のはくちょう座（左）と冬の星座のオリオン座（右）（提供：藤井旭）

COLUMN

黄道と春分点

　だだっぴろい場所で天空を仰いでみると，まるで空のかなたには透明な丸いドームがあって，太陽や星などはその球状の天に貼りついているような錯覚を覚える．この仮想的な球面を**天球**と呼ぶ．そして地球の赤道をこの天球へ投影した軌跡を**天の赤道**，地球の北極と南極を延長した点を**天の北極・天の南極**と呼んでいる．また太陽は，地球の日周運動によってこの天球上を1日で移動すると同時に，地球の年周運動によって正午に見える太陽の方向は天球上を1年で移動する．後者の1年間における天球上の太陽の通り道を**黄道**と呼ぶ．地球の自転軸が地球の公転面に垂直な方向から23.4°傾いているので，天の赤道と黄道も23.4°傾くことになる（図1・12）．

　図1・12にあるように，天の赤道と黄道とは天球上では2ヵ所で交わっている．この2ヵ所の交点のうち，太陽が南半球から北半球側へ横切る点を**春分点**，北半球から南半球に移動する点を秋分点と呼ぶ．また北半球側の中央を夏至点，南半球側の中央を冬至点と呼ぶ．名前の通りに，太陽がそれぞれの位置にある時期が，**春分・夏至・秋分・冬至**となっている．

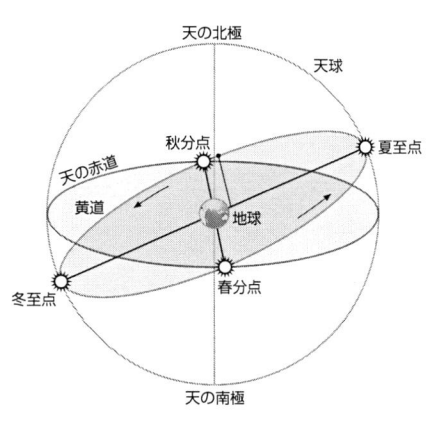

図1・12 天の赤道と黄道と春分点の位置関係

第1章

☕ Coffee Break 黄道十二星座と春分点

　天界に輝く星々の配置を神々や道具に見立てたものを**星座**と呼んでいる．星座はいろいろな時代に世界各地で様々なものが作られたが，古代ギリシャ時代にヒッパルコス（Hipparchus）がまとめ，2世紀頃にプトレマイオス（Ptolemaios）が決めた48星座が今日の星座の原型になっている．さらに15世紀の大航海時代になると，ヨーロッパからは見えなかった南半球の星々が星座の対象となり，船にちなんだものなど新しい星座が数多く作られた．近代になり天文学が発展するにつれ，天空上の位置の基準である星座が整理されていないことによる不都合が目立ってきた．そこで，国際天文学連合がそれまでに存在していた星座を整理し，1928年に現行の88星座とその境界を定めた．それが現在の全天88星座である．また日本では，星座の名前はひらがな表記する約束になっている（たとえば，蠍座ではなく，さそり座）．

　この全天88星座のうち，太陽の通り道（黄道）にある星座（おひつじ，うお，みずがめ，やぎ，いて，さそり，てんびん，おとめ，しし，かに，ふたご，おうし）を伝統的に**黄道十二星座**と呼ぶ（図1・13）．

　黄道十二星座が生まれた2000年ぐらい前には，春分点はおひつじ座にあったので，おひつじ座が黄道十二星座のトップだったが，地軸の歳差（約25800年周期）で春分点が移動し，現在，春分点はうお座にある．しかし，いまでも春分点を表わすのに"おひつじ座"の記号（Yのような記号で曲がった2本の角を表わす）を使っている．

図1・13 黄道十二星座

1.3.2 季節の違いの原因は？

　日本は，寒い冬や暑い夏など，四季を感じることができる．このような季節による気温の違いは，太陽の光が差し込む角度に大きく影響している．

　地球は球体で丸いため，ほとんどの場所で，地面は太陽に対して斜めになっている．太陽の光が斜めから当たれば，それだけ広い範囲で分散してしまい，気温が上がりにくくなる．

　そして，地球の自転軸である地軸が，地球の公転軌道面に対して 66.6°（= 90° − 23.4°）ほど傾いているため，太陽の光と地球の角度が 1 年を通して周期的に変化する（図 1・14，図 1・15）．地球の自転軸の北極側（地軸の向いている方向を「北」と決めている）は，夏至の頃に一番太陽の方向を向いていて，反対に冬至の頃に一番反対側を向いている．その結果として，まず大雑把に，夏は太陽光をよく受けて暑くなり，冬は太陽光が当たりにくく寒くなる．

　ただし，太陽の光によってまず地面が温められるが，これがそのまま気温の変化に反映されるわけではない．というのは気温が海水温の影響を強く受けているためだ．海水は地面と比べると温度の変化が緩やかなので，それを反映して，気温の変化は太陽高度の変化から 2 ヵ月ほど遅れることになる．そのため，日本では夏至のある 6 月ではなく 8 月が最も暑く，冬も冬至のある 12 月より 2 月の方が寒くなる．

　なお，南半球では北半球の逆になる．すなわち北半球と南半球では季節が逆になり，たとえばオーストラリアでは真夏にクリスマスがやってくるのである．

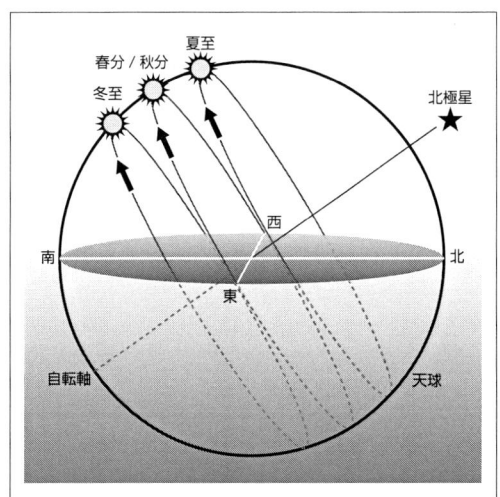

図 1・14　季節による太陽の通り道の違い

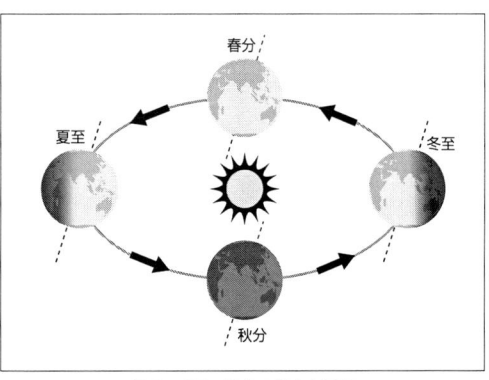

図 1・15　地軸の傾きと季節

太陽日と恒星日

　みなさんは1日が何時間か，ご存知だろうか？　そんなの24時間に決まっているだろうと答えられるに違いない．もちろん24時間である．では，その24時間は，いったい何を測ったものなのだろうか？　どこからどこまでが24時間なのだろうか？

　さきほど，地球の回転（自転）のことを述べたので，もしかしたら地球が1回転するのが24時間だと思われたかもしれない．しかし実はそうではないのだ．正午から正午まで，より正確には，太陽が南中してから次に南中するまでが24時間であり，それが"日常の"1日なのだ．つまり地球の自転ではなく，太陽の（見た目の）動きを基準にして1日の長さを決めているのである．この1日を**太陽日**という．

　では実際に太陽が南中して次に南中するまでの時間は，毎日ぴったり24時間なのだろうか？　残念ながらそうはならない．というのも，地球の自転軸は公転面に対して傾いているうえに，地球の公転軌道も楕円形をしているので，1年を通して1日の時間はやや長くなったり短くなったり，変化してしまうためだ．

　しかし，毎日1日の長さが変わってしまっては困る．そこで，公転面に対して自転軸が垂直で，公転軌道が円である地球を仮定して，そこから太陽の南中時刻を決定してみる．すると，そのような仮想的な太陽は1年を通して毎日同じ24時間間隔で南中する．これを**平均太陽日**という．私たちは日常の生活では，この平均太陽日を使用している．

　ところで，本文中で，星座も太陽と同じように東から昇り西へ沈んでいくと書いた．ということは，太陽ではなく，星座を利用して1日の長さを決めることもできそうだ．

　そこで夜空を観察してみよう．ある日の深夜0時に，ちょうど，うお座が南中していたとしよう．翌日，同じ0時にうお座を探すと，南よりもやや西寄りの位置にある．これはどの星座で見ても，星座を形作るどの恒星で見ても同じである．さて，これはどういうことだろうか．

　星々が24時間後に同じ位置ではなくやや西寄りにあったということは，星座の星々は太陽日の基準とした太陽よりも速く動いているといえる．そして速く動くということは，恒星は南中してから，次に南中するまでに24時間かからないということである（図1・16）．

　この恒星を基準にした1日を**恒星日**という．前述した通り1恒星日は1太陽日よりも短く，1恒星日はおよそ23時間56分（厳密には23時間56分4.091秒）である．したがって，太陽日と恒星日とでは約4分の差がある．

　1日あたり4分の差も，1ヵ月では2時間（4分／日×30日＝120分），半年では12時間（2時間／月×6ヵ月＝12時間）の差になる．だからある日の夜中0時に南

COLUMN

中していたうお座は，半年後には正午 12 時に南中することになる．星座が正午に南中しても，太陽の光が明るすぎて当然見ることはできない．これが季節によって見える星座が決まっているゆえんである．そして 1 年経てば 24 時間（2 時間／月× 12 ヵ月＝ 24 時間）の差が生じて，また同じ季節に夜空でうお座を見ることができる．ところで，ん？ 24 時間？ とピ

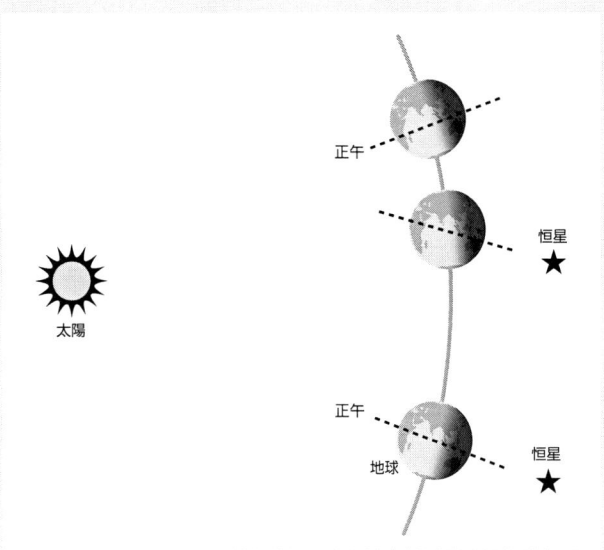

図 1・16 太陽日と恒星日と地球の自転・公転

ンときた方がおられるかもしれない．そう，太陽日と恒星日は 1 年でちょうど（太陽日でいう）1 日ぶんの差になる．恒星日の 1 年は太陽日の 1 年よりも 1 日ぶん短いのだ．

最後に，冒頭で書いた地球の自転との関係について述べておこう．星々の動きは地球の自転運動と直接に連動している．だから，地球の自転周期（地球が 1 回転するのに要する時間）は 24 時間ではなく，23 時間 56 分である．つまり，自転周期は 1 太陽日ではなく 1 恒星日なのである．

閏年と秒

4年に1度のオリンピックは**閏年**(うるう)に行なわれることが知られている．閏年だけは2月が29日まであって，1年が366日あるのはみなさんご存じの通りだが，それはなぜだろうか．

地球が太陽の周りを公転する周期を1年としているが，この周期はちょうど365日なのではなく，0.242199日だけ余分にかかっている．つまり4年たつと，

$$0.242199\text{日} \times 4\text{年} = 0.968796\text{日}$$

となり，季節と暦の間におよそ1日のずれが生じる．そこで，西暦年が4で割り切れる日を閏年としたわけである（閏年でない年を**平年**と呼ぶ）．

しかしながら，100年経って，閏年が25回あったすると，季節と暦のずれは，

$$0.242199\text{日} \times 100\text{年} - 25\text{日} = \text{マイナス} 0.7801\text{日}$$

となる．したがって，この年を閏年にするとかえって季節と暦にずれが生じてしまう．そこで，西暦年が（4で割り切れるが）100で割り切れる年は閏年ではなく，平年としている．

さらに，400年経って，閏年が（400年÷4 − 400年÷100 =）96回あったとすると，季節と暦のずれは，

$$0.242199\text{日} \times 400\text{年} - 96\text{日} = 0.8796\text{日}$$

となり，ずれがまた生じてしまう．そこで，西暦年が（100で割り切れるが）400で割り切れる年は閏年としている．

4年に1度の夏のオリンピックでも，閏年に行なわれなかったものがある．それは，西暦年が100で割り切れて400で割り切れない1900年の第2回パリオリンピックである．シドニーオリンピックのあった2000年は平年と誤解する人もいたが，400で割り切れるので閏年であった．

さて，よく似た言葉で**閏秒**というものがあるが，これは原子時計で定められている**協定世界時**と地球の自転で決まる**世界時**との差を補正するためのもので，実は閏年とはまったく別物である．地球の自転によって決まる世界時は，太陽が朝のぼって，夕方に沈むという日常感覚に合ったものであるが，地球の自転が一定しないことから，1秒の長さも一定しない．そこで，1秒の長さが同じになるように原子時計を用いて協定世界時も定められている．協定世界時と世界時との差が0.9秒以内になるよう調整するために，協

COLUMN

定世界時に閏秒を追加または削除することがある（ただし，今までに追加はあるが，削除はない）．

たとえば，2008年の大みそかでは，協定世界時で23時59分59秒のあとに閏秒が追加されて，23時59分<u>60秒</u>となり，次が元旦の0時0分0秒となった．ちなみにNTT東日本・NTT西日本の「時報サービス117」では，秒音が追加されるのではなく，実施日翌日（上の例ならば，2009年元旦）の午前8時58分20秒から午前9時00分00秒までの100秒間に秒音を100分の1秒ずつ長くして，合計で時刻を1秒遅らせている．閏秒が聞けなくて残念！？

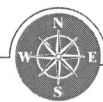 未来への指針

高校時代に学んでほしいこと

　将来，宇宙や天文に関係した仕事をするためには，何をしておけばよいだろう？

　それは，このような仕事をどの程度幅広く考えるかによって，少しずつ違うのかもしれない．たとえば，小中高の理科の先生という選択肢がある．それには普段から自然と触れ合う新鮮な目を失わず，実験や観察に対しても様々なやり方に興味を抱き続けることが重要だ．また，人とのコミュニケーション能力も先生には大切なので，科学教室などのボランティア活動に参加してもいいだろう．

　天体について研究する学問が天文学である．その研究を進めていくには，数学，物理学，化学，地学（残念ながらあまり高校では開講されていないけれど）などの理解ははずせない．また他方で，情報工学，光学，機械工学，電子工学などの技術分野から，あるいは生物学，環境科学などからでも宇宙や天文学に関わる道もあるだろう．

　最近はどの大学でもオープンキャンパスや進学説明会が盛んだ．是非直接出向いて話を聞いてみよう．研究者にも会ってみよう．「宇宙を学べる大学・天文学者のいる大学」(http://phyas.aichi - edu.ac.jp/~sawa/2009.html) なども参考にしてほしい．

| お役立ちアイテム | **立体星座** |

夜空を眺めたときに，星々や星々が形作る星座は，まるで天球に貼りついたように見える．星々が非常に遠方にあるために，太陽や月や惑星など一部の天体を除いて，星々の位置も星座の形も変わらないように見える．しかし実際には，宇宙は3次元の空間であって，星々もその3次元空間の中で分布しており，その距離も様々である．星々が空間的に散らばっていることを理解するためのアイテムが，星座の立体模型 — **立体星座** である．

立体星座の作り方は簡単である．事前に準備する材料は，型紙，工作用紙（外枠が318mm×450mmで35cm×40cmの範囲に1cmの罫線が引いてあるものが使いやすい），黒画用紙，ビーズ，テグスなどである．

まず，作りたい立体星座（たとえばオリオン座）について，星の配置と距離を調べ，地球から見た立面図と天の北極方向から見た平面図を用意する．このとき，奥行き方向については，立面図に合わせて距離を適当に縮尺して作成する．これらが型紙になる．工作用紙として通常のタイプを使用する場合には，立面図も平面図も10cm四方にすると大きさが手頃になる．

作り方は，以下の手順で作業を行なう．

①工作用紙で立方体を組めるように工作用紙を切り抜く．
②工作用紙の上下面になるところに型紙をあてて穴を開ける．
③正面や必要なら側面になる部分を切り抜く．
④背面になる部分に黒画用紙を貼って背景を黒くする．
⑤テグスにビーズを通し，ビーズが動かないように接着したり結んだりする．
⑥工作用紙を組み立てて，先に空けた穴にテグスを通す．
⑦正面から見てビーズが星座の形になるように高さを調整し，テグスを固定する．

完成したものを図1・17に示しておく．少し歪んでいるが，オリオンだということは一目瞭然だろう．しかし，斜めや横から見ると……．

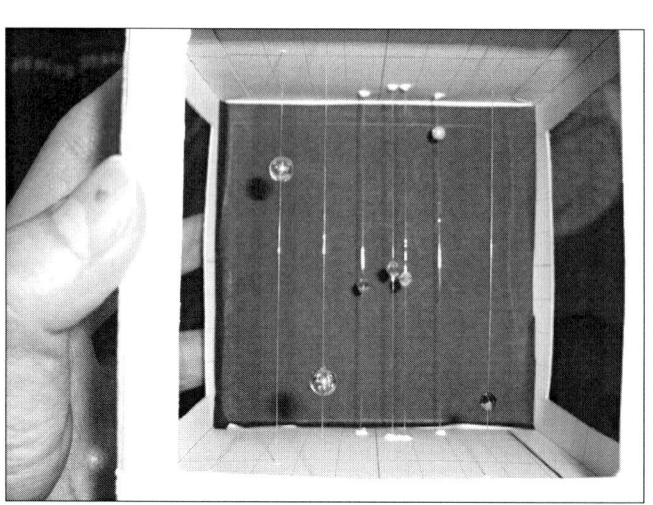

図1・17 立体星座の完成例

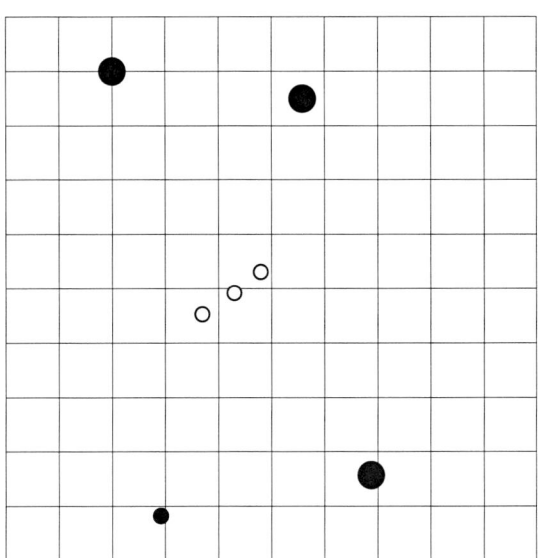

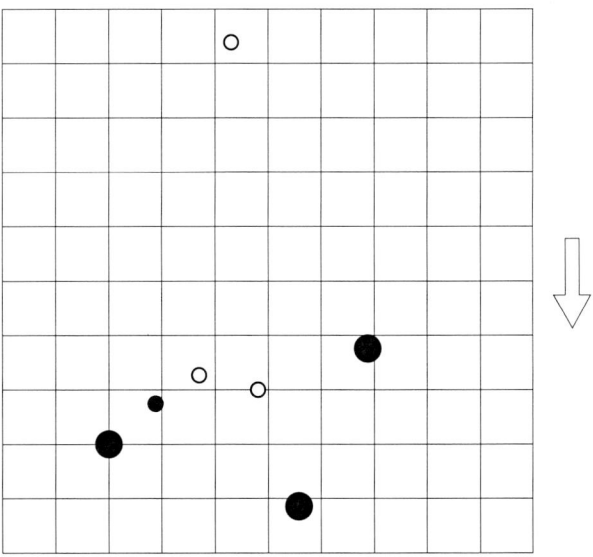

図1・18 立体星座の正面図（上）と立面図（下）

上は地球から見たときのオリオン座の星の配置図で，下は地球とオリオン座を結ぶ線の真上から見下ろした図．下の図で地球は矢印の方向にある．

第 2 章

月はどうして形を変えるのか
──月の満ち欠けと日月食──

第2章

2.1 月の満ち欠けと1ヵ月の関係

　何気なく夜空を仰いだ時，月が見えるとうれしくなるものだ．それが真ん丸い満月やかっこうの良い三日月など，形に特徴があると見とれる人も多いことだろう．昔の人々もまた月を眺めていた．昔の人たちはただ眺めるだけでなく，月の姿を日常生活に役立てていた．月の形の変化に規則性があることを見つけ，その形の変化を暦として活用してきたのである．現在のような時計やカレンダーがなかった時代，一定の規則に従って形を変え移動する月は，時間や日々の移り変わりを知る尺度であった．

　月は自らが光っているのではなく，太陽の光に照らされて光っている．月は地球の周りを27.3日かけて1周する．太陽光の当たりぐあいで地球から見える月の姿は，**新月**，**三日月**，**上弦**の月，**満月**といったように変化し，その後，**下弦**の月を経て約1ヵ月で元の新月へと戻る．この1ヵ月の月の見え方の変化は，月が地球の周りを回る月の公転によって起こる現象だ．すなわち，球形である月に当たった太陽光の影の部分が，地球から見る方向によって異なって見えるために起こるものである（図2・1）．この規則性により，私たちはいつ，どの方角にどのような形の月が見られるのか予測することができる．月の形が描かれたカレンダーがあるが，この規則性から予測されたものだ．

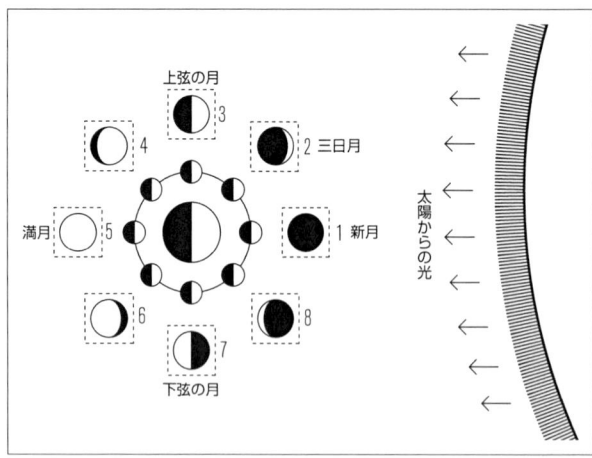

図2・1　月の満ち欠けの様子

図2・2　上弦の月

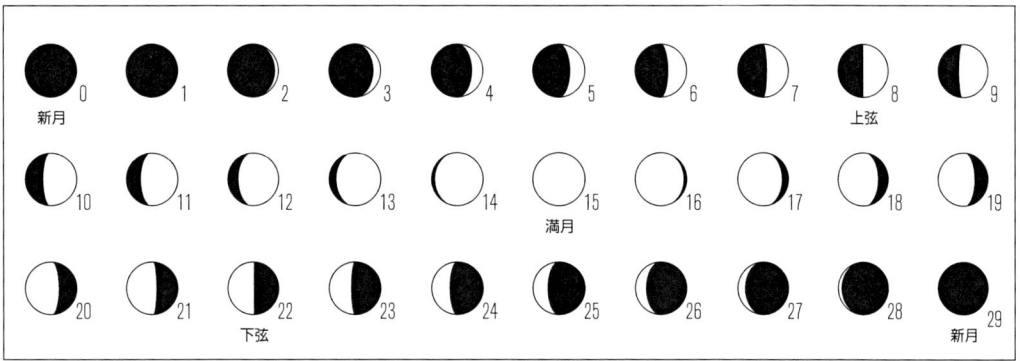

図2・3 月の満ち欠けと月齢

　月の形（**月相**と呼ぶ）は「新月」や「満月」というように名前が付いているものもあるが，一般には**月齢**で表わすことができる．月齢とは読んで字のごとく月の齢であり，新月の時を月齢0として1日経つごとに月齢は1増える．図2・3のように約29日で月の形の変化は1周し，この周期が繰り返される．この1周期が「月」という暦上の単位になっている．

　図2・1の1の新月（月齢0）は太陽と同じ方向に位置しているため，太陽の光の当たらない側を見ることになって，月は光って見えない．太陽の光が強くて月の姿はわからないが，太陽と同じ時間に東の空から昇って，同じ時間に西に沈んでいる．

　図2・1の3の上弦の月（月齢7.4）は太陽が西に沈む頃，空の高いところに昇って真夜中に西に沈む．きれいに半分だけ輝いているのだが，沈む時に弦の部分が上を向くことに由来して上弦の月と呼ばれるようになった（図2・2）．午後から夜にかけて見えるので，多くの人が見慣れているのはこの月だろう．

　図2・1の5の満月（月齢14.7）は太陽が西に沈む頃，東の空から昇ってくる．真夜中に南中し，太陽が東の空から昇ってくる頃，西の空に沈む．太陽と間逆な位置関係である．

　図2・1の7の下弦の月（月齢22.1）は真夜中に東の空から昇ってくる．日の出とともに，空が明るくなると，周りの明るさに負けてしまい，見えにくくなる．午前中に白っぽく見える月はこの下弦前後の月だ．そして日中に西に沈むが，その時に弦の部分が下を向く．

　このように，月の形の変化には規則性があり，私たちに毎日違った様子を見せてくれる．月の形と見える位置について先ほど触れたが，見る時刻や季節によって月の色や位置も異なって見える．太陽に照らされて輝く月だからこそ，このような様々な変化が生まれる．

　今宵の月はどんな形だろう．夜空を見上げてみよう．

恒星月と朔望月について

COLUMN

　月は地球と同じように、自転と公転をしている．ただし、地球と異なって、月の自転と公転の周期は同じである．すなわち、月は 27 日 7 時間 43 分（**27.3 日**）かけて自転し、この間に地球の周りを 1 周する．この地球の周りを 1 周するのにかかる時間を**恒星月**と呼ぶ．

　月の自転と公転にかかる時間が同じため、地球からは月の同じ面しか見ることができない．昔から日本では「月にはお餅つきをしているウサギがいる」と言われているが、月は地球にいつもウサギの面（表側）しか見せていないのである．地球から月の裏側を見ることはできない．私たちが月の裏面を観測するには、観測ロケットを飛ばして見るほか方法はないのだ．

　一方、新月から次の新月までにかかる期間のことを**朔望月**と呼ぶが、この期間は 29 日 12 時間 44 分（**29.5 日**）かかる．恒星月が 27.3 日に対し、朔望月は 29.5 日であり、長さが異なるのは不思議な気がするかもしれない．その原因は地球が公転していることと関係している（図 2・4）．

　地球は 1 年かけて太陽の周りを回るため、1 ヵ月で約 30°公転する（360°÷12 ヵ月）．地球が太陽の周りを公転している間、月も地球の周りを公転するが、月が 1 周したときには地球が太陽を中心に 30°ほど進んでいるため、新月にはならない．そして新月になるにはもう少し公転する必要があり、さらに 2 日ほど必要となるのだ．

　毎日同じ時間に月を観測すると、月の位置や形が異なることに気がつくことだろう．毎日位置が異なるのは、太陽よりの月の方が天球上を速く移動するからである．地球が太陽を 1 周するのにかかる時間は 1 年だが、月が地球を 1 周して再び太陽、月、地球が同じ位置に来るまで 29.5 日しかかからない．この 1 周するのにかかる時間に差があるため、月の出は毎日約 50 分ずつ遅れてしまうのである．

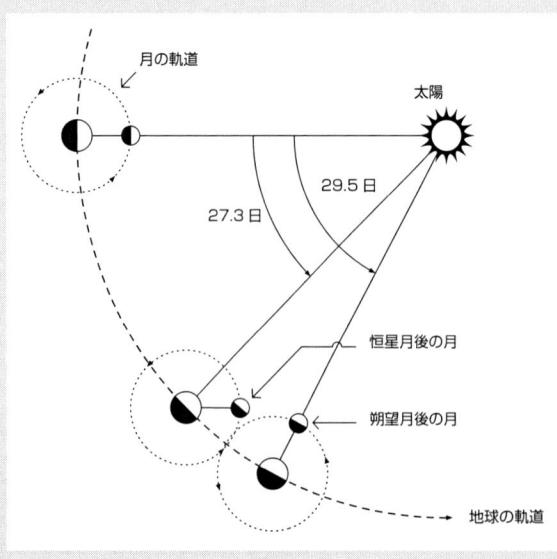

図 2・4 恒星月と朔望月

2.2 皆既月食の月は，なぜ赤い？

　太陽に照らされて夜空に浮かぶ月は，私たちの住む地球の唯一の衛星である．「中秋の名月」や「十五夜」に代表されるように，古くから暦の基準となる天体として扱われてきた．また，その表情の変化の美しさから『竹取物語』のように古典にも多く登場する天体である．

　月は，約1ヶ月の間の満ち欠けの変化だけではなく1日の中でもその表情に変化を見せる．たとえば満月が東の空に昇ってくるときに赤みがかって見え，頭上近くに上がった寒い日の月などは白く輝いているのを見ることができる．この現象には地球の大気が関係している．

　太陽光が，大気中に入り込むと，大気中の粒子によって光の**散乱**が起こる．光の散乱は，大気中の塵，その他いろいろな微粒子，水滴さらにはもっと小さい空気分子などによっても引き起こされるが，散乱を引き起こす粒子の性質や散乱される光の波長によって散乱の度合いが異なる．たとえば，水滴や氷の結晶のように光の波長よりもサイズが大きな粒子による散乱の場合は，太陽光を均等に散乱するので，散乱された光も太陽光と同じく白っぽくなる．雲が白く見えるのはそのためである．

　一方，光の波長よりもはるかに小さな空気分子によって散乱される場合，<u>波長の短い青い光は赤い光よりも多く散乱される</u>．これを**レイリー散乱**と呼んでいる．昼間の空が青く見えるのは，このレイリー散乱が原因である．

　具体的には，レイリー散乱による散乱の度合いは，光の波長の4乗に反比例する．青い光の波長（400nm※強）は赤い光の波長（800nm弱）の半分くらいしかないので，青い光は赤い光より16倍くらいも強く散乱されることになる．波長の短い青い光が地上に散乱されて届くことにより，空全体が青く見える（図2・5）．ちなみに宇宙から地球を見たとき，多くの場合は，海や陸地や雲などからの反射光が強くて，レイリー散乱による大気の青色はわかりにくい．しかし真っ黒な宇宙空間を背景とした地球の画像があれば，その輪郭部分をよく見ると，青空の色が青い輪郭を作っていることがわかるだろう．

　この大気中でのレイリー散乱は，最初

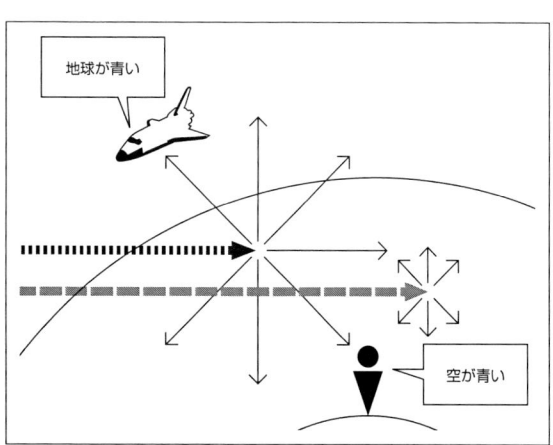

図2・5 それぞれの光で散乱が起こるが，波長の短い青色の光の方が強く散乱される

※ nm（ナノメートル）= 10億分の1m

第2章

に述べた東から昇ったばかりの月を見るときにも起こっている．すなわち月が天頂近くに昇ったときは，月の表面で反射された太陽光は地球大気であまり散乱されずに地上まで届くため，太陽光の色を反映して月は白っぽく見える．ところが東から昇ったばかりの月の場合は，月の光が大気を通過する距離が天頂のときよりもはるかに長くなるため，月の光はより多くレイリー散乱を受ける．レイリー散乱は青い光を散らしてしまうが，赤い光の成分がそれほど散乱されずに残り，そのため，月が赤く見えるのである．朝日や夕日が赤いのも同じ理由である（図2・6）．

さて，月の表情が変化する現象としては，もうひとつ重要なものに**月食**がある．月食とは，地球の周りを公転している月が，太陽・地球・月の順番にほぼ一直線上に並び，月が太陽の光で生じた地球の影の中に入ったときに，太陽の反射光がなくなって起こる現象である．月が地球から見て太陽と反対側にくるときなので満月時に起こるが，<u>満月のときにいつも月食になるわけではない</u>．月食はそれほど頻繁に起こる現象ではないのだ．

地球上から太陽を見るとき，太陽が天球上を移動する道筋を**黄道**（コラム P11 参照）という．同じように月が天球上を移動していく道筋を**白道**という．この黄道と白道が一致しているならば，地球から見て月が太陽と正反対の位置にあるときに常に月食が起こるだろう．しかし実際には，地軸に対して月の公転面が垂直ではなく傾いているため，黄道と白道は少しずれている．そのため黄道と白道の2つの道筋が重なるのは2点しかなくなる（図2・7）．その結果，この2点のいずれかで満月になったときのみ月食が起こることになる．したがって月食は，比較的まれな現象となるわけである．

上で述べたように，月が地球の影に入る現象が月食だが，その地球の影には2種類のものがある（図2・8，図2・9）．太陽光の一部だけがさえぎられた**半影**と太陽光の大部分がさえぎられた**本影**である．半影はぼんやりとした影

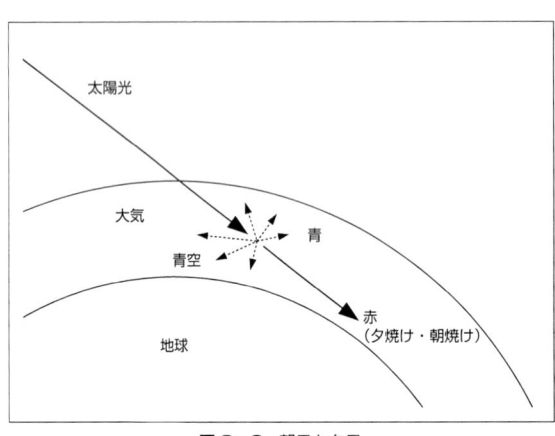

図2・6 朝日と夕日

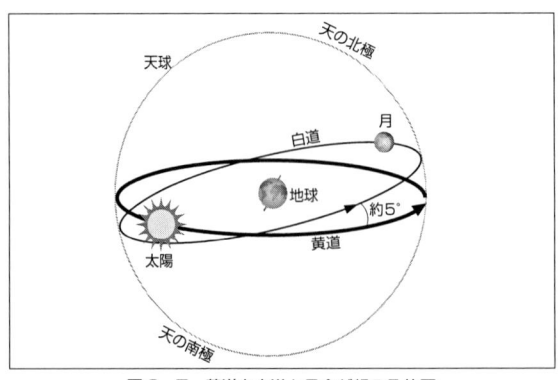

図2・7 黄道と白道と月食が起こる位置

なので，半影に月が入り月食となっても月食と判断することは難しい．このときの月食を**半影食**という．一方，本影に入ることを**本影食**というが，本影は暗い影なので，本影食が始まると，肉眼でも，まるで月が欠けているかのように見ることができる．一般に月食という場合は本影食のことを指していて，月食が始まるというのは，月がこの本影の中に入る状態のことをいう．

ところで，**皆既月食**のときは，地球の影に月がすっぽりと入るわけなので，太陽の光は月面に届かなくなる"はず"であり，このときの月面では真っ暗になるはずである．しかしながら実際には，皆既月食中でも月面では真っ暗にならない．これも地球の大気が原因である．

太陽の光は，地球の大気を通過する際に，地球大気の影響でわずかに屈折し，地球の影の領域に入り込む（図2・10）．さらにこのとき，太陽光は大気の成分によって様々な散乱を起こすため，青い成分の光は多くが散乱してしまうが，赤い成分の光は散乱を受けにくく屈折したまま進む．地球の影の中に入っている月には，本来太陽光が到達しないはずであるが，地球の大気で屈折した赤い成分の光は，月食中の月へと降り注ぐ．こうして赤く照らされた月を，

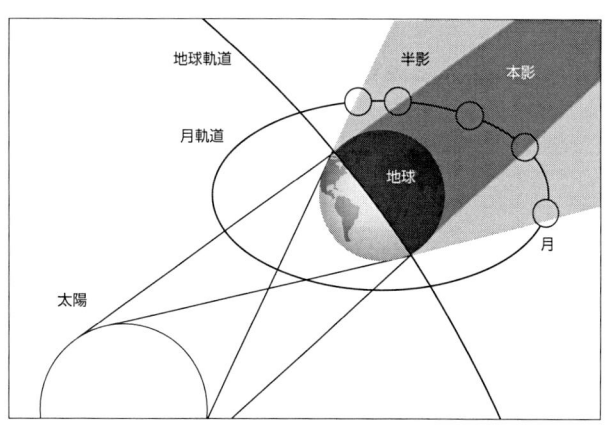

図2・8 月が本影に入ると月食

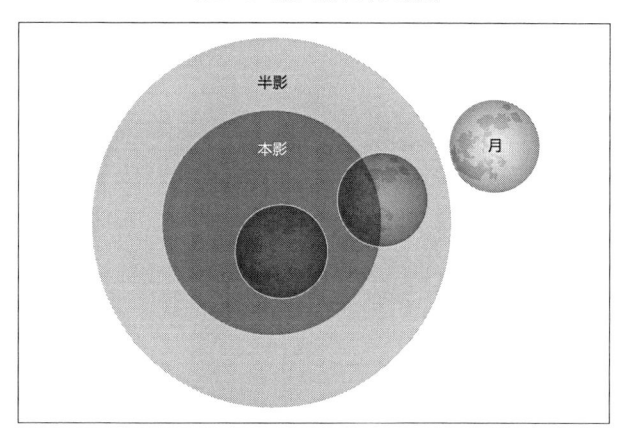

図2・9 半影と本影

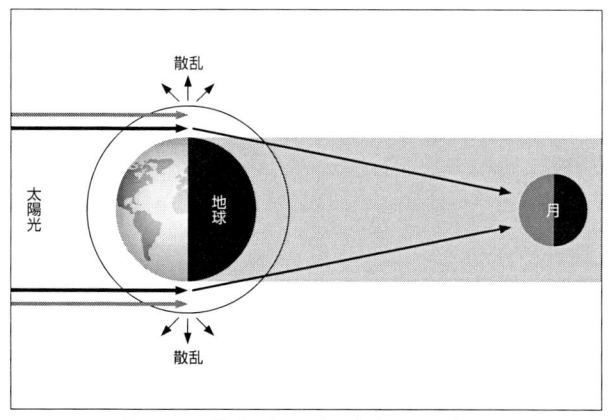

図2・10 散乱の少ない赤い光が月へと到達する

第 2 章

図2・11 月が地球の影に入らないと月食にはならない
（提供：仲江川知秀）

月食の際に見ることができるわけである（図2・11）．

もっとも，皆既月食のときの月がいつも同じように赤く見えるかというとそういうわけではない．太陽光が通過する地球の大気中の塵が少ないときには，赤色よりも波長の短いだいだい色や黄色の光も届く．したがって，このようなときの皆既月食では，より黄色に近い色合いで見ることができる．一方で，大気中に塵などが多いと赤い成分の光すら散乱され，影の中に入り込む光がほとんどなくなってしまうことになる．地球上で大規模な火山活動が起こったりすると，大気中に火山灰が放出されて皆既月食は暗くなり見えにくくなるのである．

皆既月食のときの月の色の違いについては，20世紀初頭にフランスの天文学者アンドレ・ダンジョン（Andre-Louis Danjon）が調べたことで知られる．彼が作成した，皆既月食のときの色を表わす色尺度は**ダンジョン・スケール**と呼ばれる（表2・1）．

このように皆既月食のときの赤い色の度合いは，地球の大気の影響を受ける．皆既月食の様子を観察するときには，私たちの地球の環境について考えてみるのもよいかもしれない．

表2・1 ダンジョン・スケール

尺度	月面の様子
0	非常に暗い食．月のとりわけ中心部は，ほぼ見えない．
1	灰色か褐色がかった暗い食．月の細部を判別するのは難しい．
2	赤もしくは赤茶けた暗い食．たいていの場合，影の中心に1つの非常に暗い斑点を伴う．外縁部は非常に明るい．
3	赤いレンガ色の食．影は多くの場合，非常に明るいグレーもしくは黄色の部位によって縁取りされている．
4	赤銅色かオレンジ色の非常に明るい食．外縁部は青みがかって大変明るい．

月の名前

　日本では明治以前は月の満ち欠けを元にした旧暦を使用していたため，暦の上の日がそのまま月齢に対応していた．1日は新月とか朔（さく），もしくは月の始めなので"月立ち"から1日（ついたち），3日は三日月や眉月（まゆづき），7日は弦月（げんげつ），13日は十三夜月（じゅうさんやづき），14日は小望月（こもちづき），15日は満月や望月（もちづき）と呼ばれた．16日は日没後にややためらうように月が昇るので十六夜（いざよい）月，月を愛でるために17日は月が昇るのを立って待つので立待月（たちまちづき），18日は座って待つので居待月（いまちづき），19日は疲れて横になって待つので寝待月（ねまちづき）もしくは臥待月（ふしまちづき）となかなか風流である．さらに20日は更待月（ふけまちづき），23日は下弦月，26日は有明月（ありあけづき），30日は月が隠れるので晦日（つごもり，みそか）といったぐあいである．ちなみにアメリカ・ヨーロッパとともにチリの砂漠に建設中の巨大電波望遠鏡アルマの日本のアンテナの愛称は「いざよい」になった．アメリカ先住民は季節によって満月に様々な呼び名をつけていたが，その伝統などを受けついだ満月の名前を以下に紹介しよう（表2・2）．

表2・2 満月の名前　　　　(http://www.farmersalmanac.com より)

月	名前	由来
1月	ウルフ・ムーン	オオカミの遠吠え
2月	スノウ・ムーン	雪　ハンガー（空腹）・ムーンとも
3月	ワーム・ムーン	虫がはい出る
4月	ピンク・ムーン	シバザクラやフロックス（植物）の色から　ローズ・ムーンとも
5月	フラワー・ムーン	花盛りのシーズン
6月	ストロベリー・ムーン	イチゴの収穫
7月	バック・ムーン	雄鹿
8月	スタージョン・ムーン	ちょうざめの釣り
9月	コーン・ムーン	トウモロコシの収穫
10月	ハーベスト・ムーン	収穫期
11月	ビーバー・ムーン	毛皮をとるためのビーバー狩り
12月	コールド・ムーン	寒いから！

　なお，英語では上弦はファースト・クオーター（first quarter），下弦はラスト・クオーター（last quarter）とちょっと味気ない．ちなみに半月より細い月をクレッセント（crescent），半月より少し膨らんだ月をギボス（gibbous）という．また1ヵ月の間に2回満月が見られることがあるが，2回目の満月をブルー・ムーンと呼ぶ場合がある．

第2章

2.3 皆既日食がみられるのは人類の時代だけ？

2009年7月22日に，日本では46年ぶりとなる皆既日食が起こった．当日は全国的に天気が悪く日食日和とは言えなかったが，強運に恵まれた一握りの人たちが，北硫黄島近辺などで"黒い太陽"を体験することができたようだ．日本では次の2035年9月2日まで皆既日食は見られない（金環日食は2012年5月21日と2030年6月1日にある）．皆既日食は壮大で珍しい自然現象なのである（なお，同じ場所で起こることは珍しいが，地球上のどこかでは1年に1度ぐらいは起こっている）．

地球から見てはるかかなたの太陽の手前に月が入り太陽が隠される現象が**日食**だ．太陽と月の実際の大きさを比べると，太陽は半径約70万kmなのに対し，月の半径は1738kmで，太陽の方が月よりも圧倒的に大きく月の約400倍もある．一方，それらの距離を比べると，地球と太陽の平均距離は1億5000万kmなのに対し，地球と月の平均距離は38万4400kmなので，太陽の方がはるかに遠くて，月までの距離の約389倍もある．大きさと距離がそれぞれの比率に非常に近い値になっている点に注目してほしい．

大きなもの（太陽）も遠くにあれば小さく見える理屈だが，太陽と月の場合は，大きさの比率と距離の比率があまり違わないために，地球から眺めたときの見かけの大きさがだいたい同じになるのである．具体的には，月と太陽の見た目の大きさ（**視直径**）はほぼ等しく，その広がりは約0.5°である．数値ではピンとこないが，腕を伸ばして（約50cm）指先に持った5円玉の穴(直径5mm)の大きさがほぼ0.5°になる．たとえば金星の場合，視直径は最大でも太陽の約1/60である．太陽の手前を金星が通過する現象もきわめてまれ（今世紀は2004年6月8日と2012年6月6日の2回だけ！）に起こるが，その様子は図2・

図2・12 皆既日食（1995年10月，提供：前田利久）

図2・13 地球とほぼ同じ大きさの金星が太陽面を通過している様子（提供：八重山星の会）

13のようになる．

さて太陽と月の場合，見かけの大きさを詳しく計算してみると，太陽の視直径は約 0.53°，月の視直径は約 0.52°となり，月の方がやや小さい．したがって，もし月の軌道が円ならば，"皆既日食"のときには，いつも太陽の縁が月の外側にわずかに隠されずに残る金色の環，**金環日食**になっただろう．しかし，月の軌道はわずかながら楕円になっているので，地球と月の間の距離は常に一定ではなく，少し小さくなることもある．その結果，月が少し大きく見えるときに，太陽が完全に月に覆い隠される**皆既日食**が起こるのだ（地球軌道が楕円であることも関係している；P73 コラム参照）．

太陽系の惑星やほとんどの衛星と同じく，月も天の北極から見て反時計周りの方向に公転している．軌道は円に近い楕円形．月が地球の周りを公転する際に地球との距離が近くなったり遠くなったりしているため，みかけの大きさはいくぶん異なっている．これは写真で比較するとわかりやすい．図 2・15 は，月が地球に最も近づく**近地点**（35 万 6400km）と最も遠ざかる**遠地点**（40 万 6700km）で撮影した月の姿をイメージしたものである．

月の直径は地球の約 0.27 倍（1/3.7）．これは地球サイズの惑星を巡る衛星としては非常に大きいものである（図 2・16）．惑星と衛星の比率としてみると太陽系では最も大きい．また月の直径（3476km）は，木星の衛星ガニメデ（5268km），土星の衛星タイタン（5150km），木星の衛星カリスト（4806km），イオ（3642km）についで，衛星としては太陽系で 5 番目に大きく，月は太陽系の衛星の中でも巨大衛星として扱われている．

以上述べたように，太陽と月の見かけの大きさがほぼ同じだからこそ，世紀の天文ショーである皆既日食が起こるわけだが，太陽と月の見かけの大きさが同じなのは"偶然"なのだろうか．

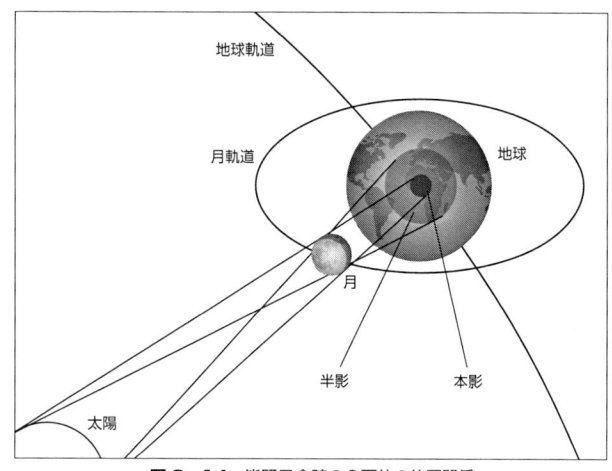

図 2・14 皆既日食時の 3 天体の位置関係

図 2・15 近地点（左）と遠地点（右）での月の大きさのイメージを比較
（提供：前田利久）

第 2 章

図 2・16 地球（直径 1 万 2756km）と月（直径 3476km）の大きさ比べ
（提供：前田利久）

あるいは、そもそも月は生まれたときからいまの軌道を巡っていたのだろうか.

実は、月が誕生したときには、いまよりもっと地球に近い軌道を巡っていたと考えられている（3.2.1 節参照）. しかし主として月の潮汐作用によって、少しずつ軌道半径が大きくなり、現在の軌道まで移動してきたらしい.

月の重力は地球に影響を及ぼし、太陽とともに潮の満ち引きを起こしている（3.2.2 節参照）. 太陽は大きな質量をもつものの遠距離にあるため、地球に及ぼす潮汐力は月の約半分である. この月が地球に及ぼす**潮汐作用**により、主に海洋と海底との摩擦（海水同士、地殻同士の摩擦などもある）によって、地球の自転エネルギーが摩擦熱として失われ、地球の自転は少しずつ遅くなっている. 具体的には、地球の自転周期、すなわち 1 日の長さは、およそ 10 万年に 1 秒の割合で長くなっている. また、同時に、重力による地殻の変形などによって、地球と月を合わせた全体の回転のバランスも変化して、地球の自転が遅くなった分だけ、その回転の勢い（角運動量）は月に移動して、その結果、月と地球の距離は、1 年に約 3.8cm ずつ離れつつあるのだ. やや複雑なプロセスだが、月の潮汐作用によって、現在でも、地球の自転は少しずつ遅くなり、逆に月は地球から少しずつ離れつつある（3.2.3 節参照）、ことだけ覚えておいてもらえばいいだろう.

月と地球が毎年離れつつある、ということは、はるかな過去には月の見かけの大きさはいまより大きくて皆既日食は起こっただろうが、はるかな未来には月の見かけの大きさは小さくなるので皆既日食は起こらなくなるのではないだろうか. すなわち、このままどんどん月が遠ざかっていってしまうと、月が太陽の見かけの最小サイズである 31.5′ より常に小さくなる（コラム P33 参照）. すると皆既日食は決して起こらない現象になってしまうのだ. それは月の平均距離が 40 万 2000km ぐらいになる頃に相当する. こうなると、月の見かけの大きさが最大になったとしても、太陽の最小の見かけの大きさを超えることができない. 計算上は、皆既日食が起こらなくなるのは、約 4.5 億年後となる. 人類の文明が何年維持できるかは不明だが、恐竜が繁栄した 1 億 5 千万年もの期間などと比べると、皆既日食が見られるのは人類の時代だけと考えることもできる.

COLUMN

見かけの大きさを計算してみよう

　太陽の直径は 139 万 2000 km で地球の約 109 倍である．地球から太陽までの平均距離は約 1 億 5000 万 km である．この平均距離は地球太陽間距離の時間平均と考えても，地球の軌道長半径と考えてもどちらでも差し支えない．なお，正確な値は 1 億 4959 万 7870 km で，これを **1 天文単位**（AU）と定義している．太陽の直径を 1 天文単位で割ったものが，太陽の見かけの大きさ（角度）の正接（tangent）になる（図 2・17）．関数電卓などを使って，実際に割った数値 0.00930 の逆正接（arctan）を取ると，0.533° が得られるだろう．月の場合も同じように計算できる．

　さて，太陽の見かけの大きさは約 0.5°，すなわち 30′（1° = 60′）だが，地球の軌道が楕円なので実は 31.5′ から 32.5′ の間で変化している．一方，月も見かけの大きさが変化し，その値は 29.5′ から 32.9′ の間である．皆既日食といっても，どのような状況で太陽が月に隠されるかで，その継続時間はそのたびに異なり，最長で 7.5 分にも達する．

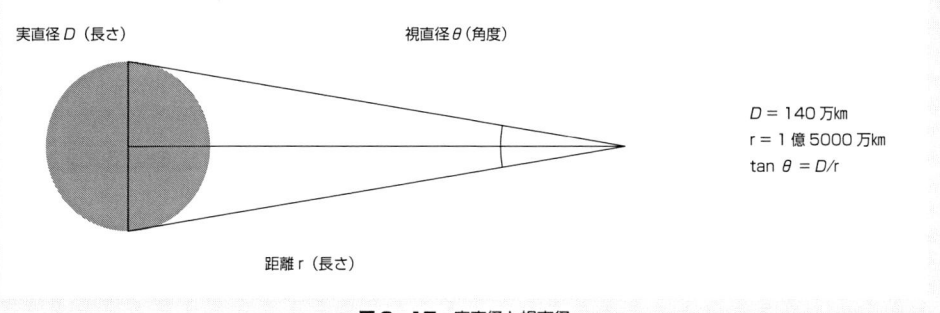

実直径 D（長さ）　　　　　視直径 θ（角度）

$D = 140$ 万 km
$r = 1$ 億 5000 万 km
$\tan \theta = D/r$

距離 r（長さ）

図 2・17　実直径と視直径

第2章

☕ Coffee Break 黒い太陽

　皆既日食のときに目立つのは，普段は太陽の光に隠されて見えない**コロナ**と，そのコロナに縁取られた"黒い太陽"だろう．皆既日食の写真などで強調されるのも，しばしばコロナや黒い太陽の周辺に見える赤い**紅炎（プロミネンス）**だ（3.1.1節参照）．しかし皆既日食の前後には，もっともっと様々な現象が起こる．それも立て続けに起こる．

　まず，日食中に暗くなるのはもちろんだが，気温も5℃くらい下がる．実際，2009年7月22日の皆既日食においても，真夏の洋上の強い日差しのもとで観察していたとき，日食前には汗びっしょりになるぐらい暑かったものが，日食が始まるとスーッと気温が下がり，汗が引いていった．さらに皆既日食が近づくにつれて，空には大きな黒い影（本影錐）が移動してくることがわかる．異常な出来事に動物たちも驚くのだろう，鳥が鳴き出したり巣に帰ろうとして動いたという報告があるし，日中鳴いている蝉の一部は静かになったという報告もある．

　そしてお待ちかねの皆既日食時には，皆既日食中にだけ肉眼でもみえる太陽コロナが有名である．予想外なのは，太陽を取り巻くコロナが意外に明るいことだ．コロナの明るさは満月ぐらいというが，実際に体験するともっと明るい気がする．

　また，皆既日食の直前と直後に一瞬だけ現われる**ダイヤモンドリング**は言葉を失うほどである．ダイヤモンドリングの出現から消失を目のあたりにした衝撃は，静止した写真で見るだけではわからない．

　そして極めつけは全天周の風景である．頭上に黒い太陽と星空が拡がる中，360°全方位を取り巻く地平線・水平線がすべて，まるで夕焼けのように赤くなっているのだ（図2・18）．そこには地上（海上）の景色とは思えないような，とても奇妙な風景が拡がっている．変わった現象としては遠くの局のラジオが聞こえるようになる現象も報告されている．これは夜間に起こる現象と似ており，電離層の消失が原因とされている．

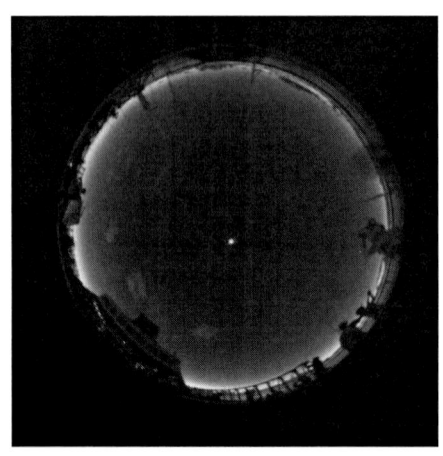

図2・18 魚眼レンズで撮像した全天の写真（2009年7月22日11：25：38頃，北硫黄島海域）．中心（天頂）付近で光っているのは太陽コロナ．周辺部（水平線）が明るいのがよくわかる．カラー写真では水平線は夕焼けのように赤みがかっている．

影と陰

本文中では，月食とは地球の"影"に月が入って暗く見える現象だと書いた．ところで，「かげ」という言葉には，主に，「影」と「陰」という2つの漢字が当てられる．日本古来の大和言葉では同じ"かげ"でも，漢字での意味はやや異なる．大辞林（第二版）によると，影とは「物が光をさえぎったとき，光源と反対の側にできる，その物の黒い形．」のことであり，一方，陰とは「光がさえぎられて当たらない所．物などにより視線がさえぎられ見えない所．」とされている（図2・19）．この意味にしたがうと，月の満ち欠けは太陽の光の当たらない"陰"によるものであり，月食は地球の"影"が起こすものとなる．

ところで，日食は古くは日蝕という字が当てられた．日食は，太陽が食べられるのだろうか，それとも太陽が蝕（むしば）まれるのだろうか．さてあなたのイメージはどちらだろう？

図2・19 陰と影

| お役立ちアイテム | 簡易月球儀 |

　地球儀と同じように，月の表面を再現したものが**月球儀**だ（図2・20）．現在，様々なものが入手できる．月の海（3.2.1節参照）の名前や**クレーター**や山脈の名前，アポロの直陸地点の名前が記されているもの，高度で表示されているものなどもある．特に裏側の様子は地球からは観察することは不可能なので，役に立つだろう．もし，すでに地球儀があるのならば，できればその地球儀の1/4程度の大きさのものがあると実際に近い縮尺で地球との違いも実感できる．

　また，地球から見た月の大きさは約0.5°だが，これを教室内で実感するためにはどのくらいの大きさの月球儀がいいだろうか．具体的に計算してみると，10m離して10cmの物体は約0.6°なので，大きさはソフトボール程度だとちょうどいいぐらいだろう．そのぐらいの大きさなら自作も十分可能だ．市販の発泡スチロール球に図2・21の展開図（図は直径6cmの球に対応）を貼り付けると，ごく簡単な月球儀ができあがる（図2・20）．一度，試してみてほしい．

図2・20　簡易月球儀

月面展開図

直径 6 cmの発泡スチロール球では，縦の長い方（赤道部分）の長さを18.8cmにします。
側面全体と極側を各々貼り付けます。
北極側は★と★を合わせてください。
南極側は☆と☆を合わせてください。
側面全体の × は月の裏側の中央です。

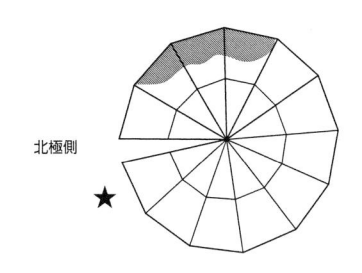

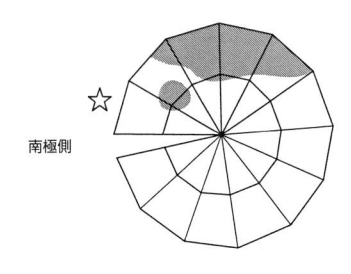

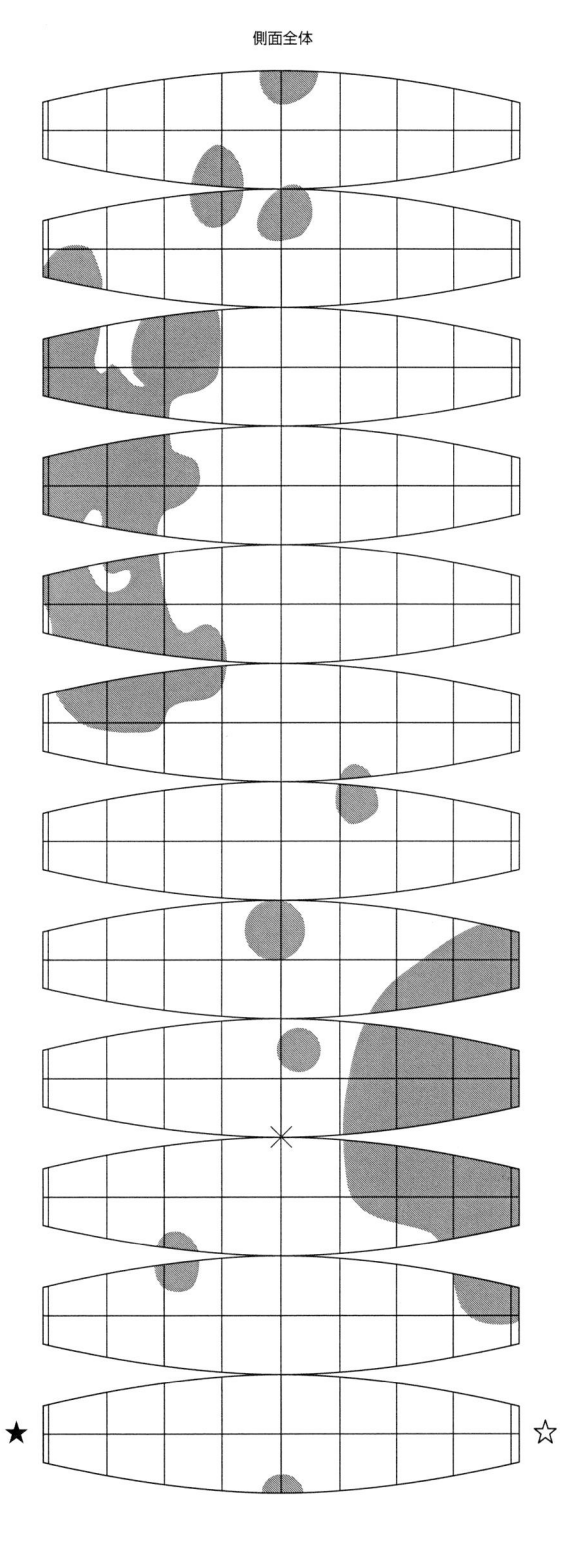

北極側 ★

南極側 ☆

側面全体

図2・21 簡易月球儀の展開図

第3章

地球の仲間たち
―― 太陽系の最新像 ――

第3章

3.1 太陽の表面は燃えているのか？

物が燃える仕組みは小学校のときに習ったはずだが（現在は小学校6年生で学ぶ），覚えているだろうか．小学校では，物が燃えるための条件は「温度」「燃える物」「空気」であり，これら3つがそろうことで初めて物が燃えると習っただろう．実際にこの話をしたとき，数人の児童が不思議そうな顔をして，次のような疑問を口にした．

「なぜ太陽は燃えているの？」

宇宙には空気がないので太陽が"燃えて"いることに対して疑問を感じたのだろう．なかなか良いところに気づいたものだ．確かに太陽が光と熱を出す仕組みは，小学校6年生で学習する物の燃える仕組みに当てはめることができない．ではどのようにして太陽は"燃えて"いるのだろうか．この節では，太陽の構造や太陽に観察される様々な現象を見ていくことにしよう．

なお，以下で，温度の単位として，日常使っている水の凝固点と沸点を基準にした摂氏温度（℃）ではなく，**絶対温度**（K；ケルビン）を用いる．絶対温度とは，あらゆる分子運動が理論的に停止してしまう温度（摂氏温度では－273.15℃）を絶対零度（0 K）とする温度体系で，摂氏温度に273.15°を加えた値になっている．

3.1.1 太陽の構造

図3・1はNASAの太陽観測衛星SOHO（ソーホー）が撮影した**太陽**である．太陽は直径約140万km（地球の約109倍）という巨大な球状の天体であり，**表面温度**は約6000K，中心部の温度は約1500万Kにも達する．さすがに，このような太陽を目の前に持ってきて調べることはできないので，太陽を形作っている物質の組成（成分）は，様々な観測データと理論計算を組み合わせることで詳しく調査されてきた．

その結果，太陽全体の主な元素組成は，質量比で**水素**が74％，**ヘリウム**が25％，それ以外の元素が1％であることがわかっている．つまり，太陽は光り輝く巨大なガスの塊なのだ．そのため，固体でできた地球や月と異なり，太陽の表面には硬い"地面"は存在しない．したがって，高温であることを除いても，太陽面着陸は

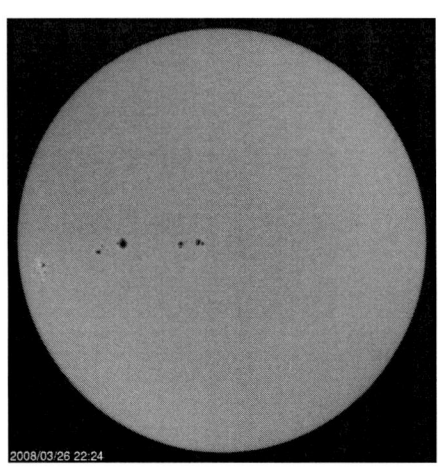

図3・1 SOHO衛星が撮影した太陽（NASA）

根本的に不可能である．

　なお，地球から太陽までの距離は約1億5000万kmもあり，秒速約30万km（1秒間で地球を7回半も回ることができる）の光であっても，約8分もかかる．ということは，仮に今，この瞬間に太陽が消えてなくなったとして，私たちがそれを知るのは8分後のことなのである．宇宙で観測される天体の姿は常に過去の姿なのだ．

　さて，このような太陽の内部は不透明なので直接観測することはできないが，太陽表面に出現する現象やニュートリノと呼ばれる素粒子を使った観測や精密な理論計算などから，やはり太陽の内部の構造もほぼ解明されている．具体的には，太陽の内部構造は大きく**中心核・放射層・対流層**の3つに分けられ，また太陽の表面付近は，**光球**，**彩層**，**コロナ**の3つに分けられる．これら太陽構造の概念図を図3・2に示す．内側から順に，もう少し細かく見ていこう．

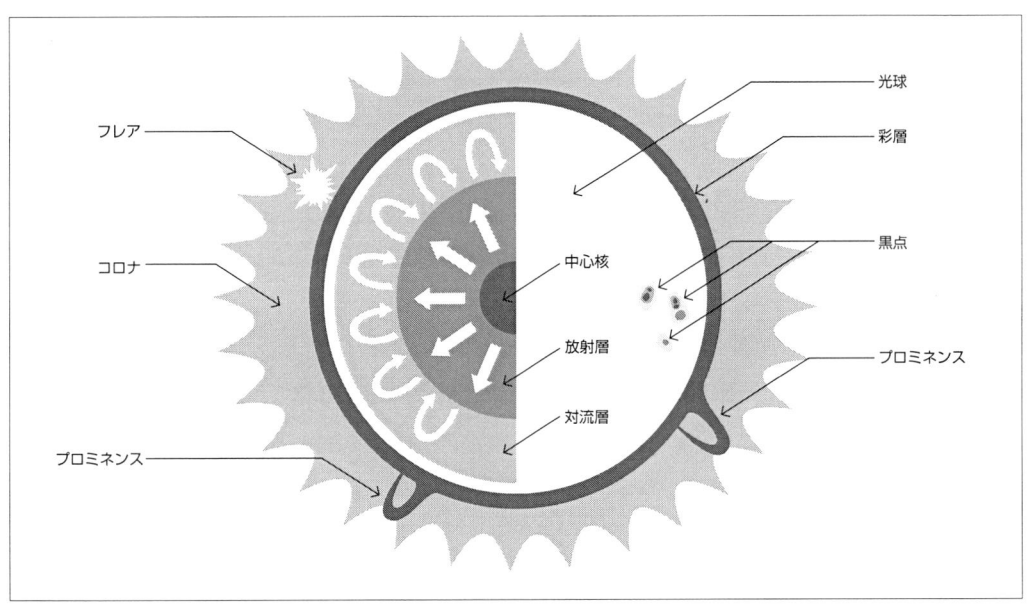

図3・2　太陽の構造．図の左半分は太陽内部，右半分は太陽表面を表わし，白矢印はエネルギーの流れ（放射と対流）を示す．

　まず太陽の**中心核**は，太陽自体の重みで圧縮されて，超高温（約1500万K），超高気圧（2000億気圧），超高密度（約160g/cm^3）の状態にあり，太陽を構成する主な物質である水素も原子核（**陽子**）と**電子**に電離している．さらに水素の原子核（陽子）同士が互いに激しく衝突し合い，別の粒子に転換していき，最終的には，4つの水素原子核から1つのヘリウム原子核が生み出されることになる．この過程で，通常の**化学反応**とはけた違いなエネルギーが放出され，これが太陽の光と熱の源となっている．このような複数の原子核が融合することでより原子番号が大きな原子

第3章

核が作り出される反応を**核融合反応**と呼ぶ．この反応を簡単に表わすと，以下のようになる．

$$4H \rightarrow He + エネルギー（光と熱）$$

なお，この反応式は，何段階にも及ぶ核融合反応を差し引きしてまとめた式であって，4個の陽子が同時に衝突してヘリウム原子核になるわけではないことに注意しておく（コラムP46参照）．

太陽の中心核で生じている核融合反応は，物騒な例えではあるが水素爆弾や核融合炉（まだ実用化はされていない）の原理と全く同じものである．しかしこのような核融合反応が起こっているのは，中心部のみで，太陽全体からみれば半径で数10％，中心から20～30万kmの領域に過ぎない．中心部以外の大部分では，核融合反応は起こっていない．太陽の表面は身近な世界からすれば高温だが，太陽内部の熱が伝わっただけであって，太陽表面で何かが"燃えて"いるわけではない！

放射層は，中心核の外側を幅30～40万kmの厚さで取り巻く層である．この層では，中心核で生じたエネルギーが，ガスによる**吸収・再放射**によって繰り返し外へ伝えられていく．

放射層の外側を太陽表面から深さ20万kmの深さまで取り巻くのが**対流層**である．対流層の内側と外側では大きな温度差があるため，高温のガスは内側から外側に移動して冷却され，低温のガスは外側から内側に移動して加熱される．これが連続的に生じることでガスの**対流**が生まれ，中心核から放射層を経て伝わったエネルギーは太陽表面の光球へと運ばれていく．

さらに**光球**は，対流層のすぐ外側の厚さ約500kmの領域であり，その表面（**光球面**と呼ばれる）温度は約6000Kである．光球は目で見える太陽の表面と考えてよい．

光球を取り囲む500～2000kmの領域が**彩層**で，そこの温度は約4000～7000Kと光球より少し低い．この領域では，水素原子が放射する**Hα線**と呼ばれる赤い輝線（図4・10参照）や，他の様々な物質によって生じる**吸収線（フラウンホーファー線）**などが観察される（4.2.2節参照）．

さらに彩層の外側には，非常に希薄ながら温度が数100万Kにも達する**コロナ**が広がっている．コロナは太陽から吹き出したガスやイオンからなるが，たった（！）6000Kにすぎない光球の上空のコロナがなぜに数100万Kにも加熱されているのかは，まだ完全には解明されていない．

3.1.2 太陽表面の諸現象

続いて太陽表面に見られる様々な現象を見ていこう．

まず太陽に生じる現象の中で，最も有名なものは，しばしば太陽表面に観察される黒い点，**黒点**であろう（図3・1，図3・3参照）．黒点の温度は約4000Kで，周囲の表面温度である6000Kに比べて低い．そのため周囲の6000Kに合わせて写真を撮ると黒点部分が露出不足になって黒く写るだけで，黒点が本当に黒い色をしているわけではない．実際に黒点の一部を切り取って，目

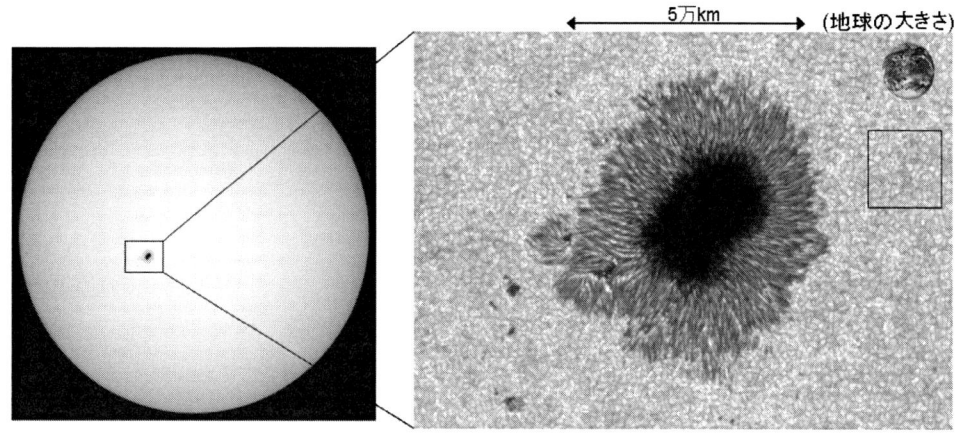

図3・3 ひので衛星の撮像した黒点の拡大図（提供 国立天文台／JAXA）

の前に持って来れば，眩しいばかりに光り輝くだろう．ちなみに，太陽に黒点があることを初めて記録に残したのは，17世紀のイタリアの天文学者ガリレオ・ガリレイ（G.Galilei）である．

　黒点の温度が周囲に比べて低くなる原因は，太陽の**磁場**に関係すると考えられている．地球は北極と南極に磁極をもつ１つの大きな磁石になっているが，太陽も地球と似たような磁場をもつ．ただし，太陽の磁場は地球の数千倍から１万倍も強力で，また太陽はガスでできているために，強い磁場が太陽内部から外部へ向かって抜け出てくることがある．そのような場所では磁場の影響によって，太陽内部から伝わってくる光や熱が妨げられ，その結果周囲に比べて温度が低くなってしまうのである．黒点は，太陽磁場の変化などによって，形や大きさを常に変化させ続ける．24時間で消えてしまうものもあれば，数ヵ月も見え続ける黒点も存在する．さらに，太陽表面に発生する黒点の相対的な数は，図3・4に見られるように，約11年ごとに増減を繰り返すことが知られており，**太陽活動周期**と呼ばれている．黒点の数は太陽の活動性と密接に関係しており，黒点数が増えて太陽が活発化する時期を**極大期**，反対に黒点数が減って太陽が静穏化する時期を**極小期**と呼ぶ．極大期には，フレア（後述）などの爆発現象の発生数も増加する．

　彩層からコロナにかけては，数1000Kから約１万Kの水素ガス雲が浮いたり吹き出したりする現象が存在する（図3・5）．この領域で目立つ（prominent）現象であるため**プロミネンス**と呼ばれる．またプロミネンスは，水素のHα線で輝き，赤く見えるため，和名では**紅炎**と呼んでいる．なおプロミネンスの発生にも，太陽磁場が大きく関係していると考えられている．

　コロナ中では，**フレア**と呼ばれる太陽最大級の爆発現象が生じることがある．フレアによってコロナの温度は数1000万Kまで加熱され，コロナ中の荷電粒子（電気を帯びた粒子で，ここでは主に電子，陽子など）の一部は吹き飛ばされる．これらは太陽から１億5000万km離れた地

第 3 章

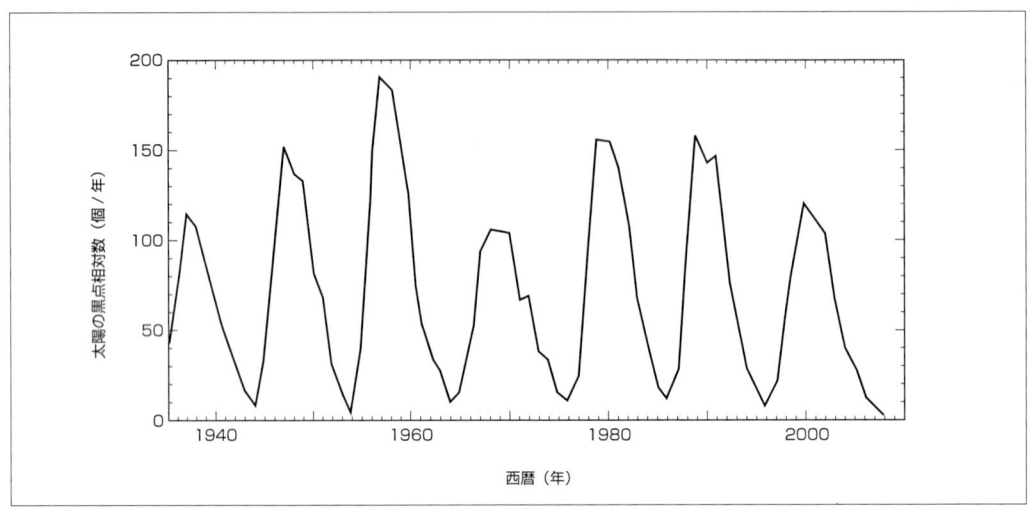

図3・4 1930年代から2010年代にかけての太陽黒点の相対数の変化

図3・5 ひので衛星の撮像したプロミネンス（提供 国立天文台／JAXA）

球まで到達し，しばしば地球の自然現象や我々の社会生活にも影響を与えることがある（コーヒーブレイク P48 参照）．

コロナを加熱する仕組みやプロミネンス，フレアが発生する機構などはまだまだ謎に包まれており，現在でも多くの研究者が様々な手法で調査を行なっている．日本でも国立天文台野辺山太陽電波観測所に設置された「ヘリオグラフ」による電波観測や，1991年，2006年にそれぞれ打ち上げられた太陽観測衛星「ようこう」「ひので」によるX線観測からは，太陽現象解明のための多くの手掛かりが得られている．

3.1.3 太陽活動と人間社会

近年，**地球温暖化**が深刻な問題として取り上げられ，各国はこの一因と考えられている二酸化炭素（CO_2）の排出量削減に力を注いでいる．日本も2020年までに二酸化炭素排出量を25％削減すると公言し，各国から喝采を浴びたニュースは印象的であった．しかしその一方で，地球温

暖化の原因は太陽活動にあると主張する研究者も少なくない．17世紀から18世紀にかけて，11年の太陽活動周期の静穏期とは別に，太陽の活動性が長期にわたって落ち込み，その結果，世界中が大きな寒冷に襲われたことがある（**マウンダー極小期**と呼ばれている）．同様の長期寒冷化は14世紀や16世紀にも記録が残されている．太陽が不活発になると地球は寒冷化するのだ．現在，世界中で地球温暖化が問題視されているが，生物が生きていくためには食糧が必要であり，地球の寒冷化は食糧生産に直接的に影響を及ぼす．そのため，温暖化以上に寒冷化に注目している研究者も決して少なくない．

また太陽表面で巨大爆発フレアが起こると，電磁パルスや荷電粒子などが地球まで飛来して，磁気嵐など様々な現象を引き起こす（コーヒーブレイク P48 参照）．

このように太陽は単に安定したエネルギーの供給源というわけではなく，太陽の活動は私たちの日々の生活に大きく影響する．そしてその源は，太陽中心で生じている水素からヘリウムへの核融合反応なのである．

未来への指針

大学時代に学んで欲しいこと

　大学では，学生が学ぶ内容は必ずしも全員同じではない．各大学や学部で決められている卒業要件（卒業するために必要な授業科目や，単位数など）などに制約はされるが，それでも高校までと比べると，自由の度合いは格段に大きい．自分が好きな天文学（または関連する学問，理科全般など）を思いっきり勉強することも可能である．人生のなかで，好きなことを好きなだけ学べる時間があるのは，大学生のときくらいしかないものだ．

　しかし，大学生になっても，自分がやりたいことが見つからない人もいるだろう．この場合，徹底的に悩むことが必要かもしれない．悩む時間も貴重である．自分を見つめ直し，自分の長所・短所を考え，悩んだ末に見つけたものは，後で必ず役に立つはずである．

　勉強したいことが決まっていたら，大学では，自由に勉強できる時間を利用して，できるだけ最初に書かれた文献を読むようにしてはどうだろうか．つまり，教科書などが作成されたときの元資料までさかのぼって調べるのである．場合によっては，外国語の文献の読解に挑戦することが必要になるだろう．少々，労力はかかるだろうが，普通の教科書には書かれていないことが発見できるかもしれない．過去の偉人も自分と同じ人間だ，ということがわかり，妙に親近感がわいたりするかもしれない．通常の教科書の勉強とは違った，天文学をはじめとする学問の醍醐味が味わえるはずである．

太陽は水素爆発で燃えているわけじゃない

「太陽は巨大な水素の塊である」このように聞くと「ではなぜ太陽は大爆発しないのか？」と疑問に思う大学生も少なくないらしい．これは，中学校の理科や高等学校の化学で，水素と酸素の混合気体に火を点けると激しく爆発して化合し，水になることを習うからだろう．実際の理科の授業中，ときどきこの実験のミスで大きな爆発事故が起こることも影響していると思われる．さて，この反応をエネルギーの出入りを含めて表わすと，水素分子1molあたり，

$$H_2 \text{（気体）} + (1/2)\, O_2 \text{（気体）} \rightarrow H_2O \text{（液体）} + 286\, kJ\, (= 68.3\, kcal)$$

となる．この反応の前後で，反応に関わる原子の種類や数は変わっていない．このような反応は一般に**化学反応**と呼ばれ，まさしく中学校理科や高等学校化学で学習する物質の変化である．そして，この反応のポイントは，水素分子と酸素分子が2対1の個数で反応することだ．しかし，この化学反応で太陽を輝かせるには2つ難点がある．1つ目は，太陽には水素に対して，酸素の数が恐ろしく少ないことである．太陽表面に存在する酸素の数は，水素の1/1000に及ばない程度であり，水素が化合するための相手はほとんど存在しない．2つ目は，この反応によって放出されるエネルギーがけた違いに小さいことである．太陽から放射されるエネルギーは，水素と酸素の化合では全く説明できないのだ．

これに対して太陽の中心核で実現している反応は，本文中で示したように，その前後で反応に関わる原子の種類や数が変わってしまっている．原子の種類が変わるということは，原子核が変わるということだ．これは，中学校理科や高等学校化学で学習する「化学反応の前後で，原子の種類や数は変化しない」というルールから，全く逸脱したものである．原子量が小さな原子核同士が結び付いて原子量が大きな原子核を生成する反応を**核融合反応**，反対に原子量が大きな原子核が分裂して原子量の小さな原子核を生成する反応を**核分裂反応**という．核分裂反応は，原子爆弾や原子力発電の原理となっている．これらの原子の種類を変えてしまう反応をまとめて**核反応**と呼ぶ．

核反応で放出されるエネルギーは，化学反応とは比べ物にならない．4つの水素原子が1つのヘリウム原子に変わる核融合反応を，エネルギーを含めて水素原子1molに対して表わすと，

$$H \rightarrow (1/4)\, He + 6.55 \times 10^8\, kJ$$

となる．水素原子1gがヘリウムに変わるときに放出されるエネルギーで，約2000ト

ンの水を沸騰させることができる計算だ．

　ところで，この水素の核融合反応では，決して同時に4つの水素原子核が反応を起こすわけではない．まず，2つの水素原子核 H が反応して**重水素**（原子量2の水素の同位体）^{2}H の原子核と**陽電子**（電子の反粒子で，電子と質量は同じだが正の電荷をもつ；e^+ で表わされる），**ニュートリノ**（ν で表わされる素粒子）を生成する．この重水素の原子核は別の水素原子核と反応して，原子量3の He 同位体 ^{3}He の原子核と**ガンマ線**（γ で表わされる極めて波長が短い電磁波）を生成する．最後に2つの ^{3}He 原子核が反応して He 原子核が生成される．これら個々の反応を表わすと，

$$H + H \rightarrow {}^2H + e^+ + \nu$$
$$^2H + H \rightarrow {}^3He + \gamma$$
$$^3He + {}^3He \rightarrow He + 2H$$

となる．

　なお，核融合反応は化学反応とはまったく別物だが，式の整理の仕方は化学反応と同じでよい．たとえば，上記の3つの式の係数を合わせると，

$$2H + 2H \rightarrow 2\,{}^2H + 2e^+ + 2\nu$$
$$2\,{}^2H + 2H \rightarrow 2\,{}^3He + 2\gamma$$
$$^3He + {}^3He \rightarrow He + 2H$$

となり，左辺と右辺をそれぞれ足し合わせると，

$$6H + 2\,{}^2H + 2\,{}^3He \rightarrow He + 2H + 2\,{}^2H + 2\,{}^3He + 2e^+ + 2\nu + 2\gamma$$

となって，両辺を差し引きすれば，

$$4H \rightarrow He + \text{エネルギー}\ (2e^+ + 2\nu + 2\gamma)$$

が得られる．

　このように水素の核融合反応は，水素と酸素の化学反応とは全く異なるものである．しかし，コラム冒頭のような思い違いを生むのは，天文学者にもその一因があるかもしれない．なぜなら，天文学者は水素の核融合反応のことを，まるで水素が酸素と化合するかのごとく「水素燃焼」と表現するのだ！

第3章

Coffee Break　とっても怖い？　太陽フレアの話

　様々な太陽活動によって生じた高エネルギー粒子の一部は，地球上に降り注いでいる．この高エネルギー粒子の大部分は高速で飛来する電子である．御存知の通り，電流とは電子の流れであり，私たちの身の回りには，その電子を制御することで動いている電子機器が満ち溢れている．今，この文章を執筆しているパソコンは極めて精密な電子機器であるし，洗濯機や炊飯ジャーにまで小型コンピュータが取り付けられている．私たちの文明基盤が電子機器（エレクトロニクス）である事実を考えれば，太陽活動の中でも最大級の爆発現象である太陽フレアが，現代社会に大きな影響を与えることは容易に想像できよう．

　実際に1989年のカナダでは，大規模な太陽フレアによって発電設備が異常を起こし，数100万世帯という大停電事故が起こった．最近では，2000年に日本のX線観測衛星「あすか」の制御回路が高エネルギー粒子によって致命的なダメージを受け，運用停止となる原因にもなっており，2002年には衛星通信用の電波が激しく乱れて，テレビ衛星放送が正常に中継されなかったという事故も起きている（サッカーワールドカップの真最中だったのだ）．

　このような大規模な太陽フレアは，**宇宙ステーション**や**スペースシャトル**で船外活動する**宇宙飛行士**にも危険な存在であるため，多くの太陽観測衛星や地上望遠鏡が絶えず太陽活動を監視しており，これに基づいた**宇宙天気予報**が毎日報じられている．大規模な太陽フレアなどが生じた場合，宇宙飛行士たちは用意されたセーフティ・ゾーンへ避難し，高エネルギー粒子の嵐が通り過ぎるのを待つのである．ちなみに，日本で宇宙天気予報を出しているのは気象庁ではなく，東京都小金井市にある独立行政法人情報通信研究機構（NiCT）である．

　このように恐ろしい太陽フレアだが，これによって生じた高エネルギー粒子が，地球の磁場に捕らえられて高緯度地方に降り注ぐと，地球大気と激しく衝突することで，私たちに見事な**オーロラ**を見せてくれる．太陽活動が非常に活発な時期には，日本の北海道などでもオーロラが見えることがある．

3.2 月の裏側はなぜ見えない？

　地球の周りを回る月は直径約 3500km（地球の約 4 分の 1），質量は約 1.2×10^{23}kg（地球の約 1.2％）の球形の天体であり，地球の唯一の衛星である（図 3・6）．天体の重力（表面重力）は，その質量に比例し，サイズの 2 乗に反比例するため，月の重力は地球のわずか 6 分の 1 となる（コラム P54 参照）．この小さな重力ゆえに，月はその表面に大気を捕らえておくことができない．

図 3・6 月（提供 国立天文台）

3.2.1 月の姿と起源

　17 世紀，イタリアの天文学者ガリレオ・ガリレイは，当時発明されたばかりの天体望遠鏡を自ら作製し，それを月に向けた．彼はこの観測で，月の表面が今では**クレーター**（図 3・7 左）と呼ばれる無数のくぼみによって凸凹になっていることを記録している．月のクレーターの成因については，18 世紀末に火山噴火口説，19 世紀初めに隕石衝突説が提唱されたが，地球上に残された巨大なクレーターの成因が隕石衝突であることが明らかにされるにつれ，現在では月のクレーターも隕石衝突によって形成されたものと考えられている．

　また月の表面構造で，クレーターと並んで注目されるのが**海**と呼ばれる黒く広がった平原である（図 3・7 右）．この地形は，玄武岩質の溶岩が冷えて固まって形成されたものと考えられている．

　なお，海には「静かの海」や「嵐の海」など主に天候状態に関わる名称，クレーターには「コペルニクス」や「ケプラー」，「グーテンベルク」，「ピアリー」など主に著名な人物の名前が付け

第3章

図3・7 月周回衛星「かぐや」のハイビジョンカメラで撮影した（左）月のクレーターと（右）海（提供 JAXA/NHK）

られている．

　月の起源については，かつては，地球から飛び出したという**分裂説**（または**親子説**），地球とともに誕生したという**共成長説**（または**兄弟説**），元々は無関係だった天体が地球の重力に捕えられたという**捕獲説**（または**他人説**）が提案されていた．その一方，火星程度の天体が地球に衝突，その破片が集積することによって月が形成されたという**ジャイアント・インパクト説（巨大衝突説）**が提唱され，注目を集めていた．しかもスーパー・コンピュータによるジャイアント・インパクトのシミュレーションでは，地球と天体の衝突から月の形成までの時間は，わずか1ヵ月程度であり，議論に拍車をかけている．

　現在，月の形成については，以下のようなシナリオが考えられている．まず約45億年前のジャイアント・インパクトによって月が誕生する．しかしそのときの月全体は，巨大な高温のマグマの塊であった．これが表面から冷却され，38億から40億年前に大量の隕石が衝突し，多くのクレーターが形成された．そして30億から38億年前には，放射性元素（ある割合で光エネルギーや熱エネルギーを放出しながら他の元素に変わっていく性質をもつ元素で，ウランやプルトニウムなどがある）の崩壊に伴う発熱により，内部でマグマが形成，それが表面に噴出して海が形成されるに至った，というものである．

　現在ではジャイアント・インパクト説が月の起源を説明する定説となりつつあるが，このジャイアント・インパクト説であっても月の性質のすべてを説明するには十分ではなく，さらなる研究結果が待たれている．

　2007年9月にJAXAが打ち上げ，2009年6月まで運用した日本の月探査衛星「かぐや」は，月を周回しながら様々な観測を行なった．その観測内容は非常に多岐にわたり，レーザー高度計を使った精密な月面地形図の作製にはじまり，電波による地下約10kmまでの構造探査，子衛星を用いた主衛星の姿勢・軌道変動解析による全球の重力分布の調査，地形カメラによるクレーターの詳細な年代推定，そして他の観測機器による月の元素・鉱物分布調査，月の周辺環境調査などが行

なわれた．多くの調査データは現在もまだ分析中のものが多く，今後さらに成果が出てくるだろう．

月そのものについて紹介したので，次からは月と地球の密接な関係を見ていこう．

3.2.2 月の潮汐力で起こる満潮と干潮

すでに第2章で学んだように，地球・月・太陽の三者の位置関係の違いによって，月には満ち欠けが見られる．しかし，満ち欠けをしていても，月の表面の模様は変わっていない．これは，月が地球に常にほぼ同じ面しか向けていないことを意味している．この現象は「月の自転周期と月が地球の周りを回る公転周期が同じである」ことで説明できる．これは決して偶然の産物ではなく，地球が月に及ぼす**潮汐作用**によって生じた状態である（2.3節参照）．

潮汐とは，地球に対する月の万有引力の効果によって地球の海面が周期的に上下動する現象である．実際に地球には，太陽と月の両方の万有引力が作用しているが，この力の大きさは天体間の距離の2乗に反比例する．そのため，地球の潮汐現象に対する太陽の影響は，月の半分程度に過ぎず，その結果，地球表面のうち月に最も近い面は，月の万有引力で引かれて海面が盛り上がり**満潮**になる．では逆に，月から最も遠い面の海面が低下して**干潮**になるかというと，実はそうはならない．もちろん，地球の月から最も遠い面にかかる月の万有引力は小さくなるが，その代わりに地球と月の公転による遠心力が大きく作用するからである．

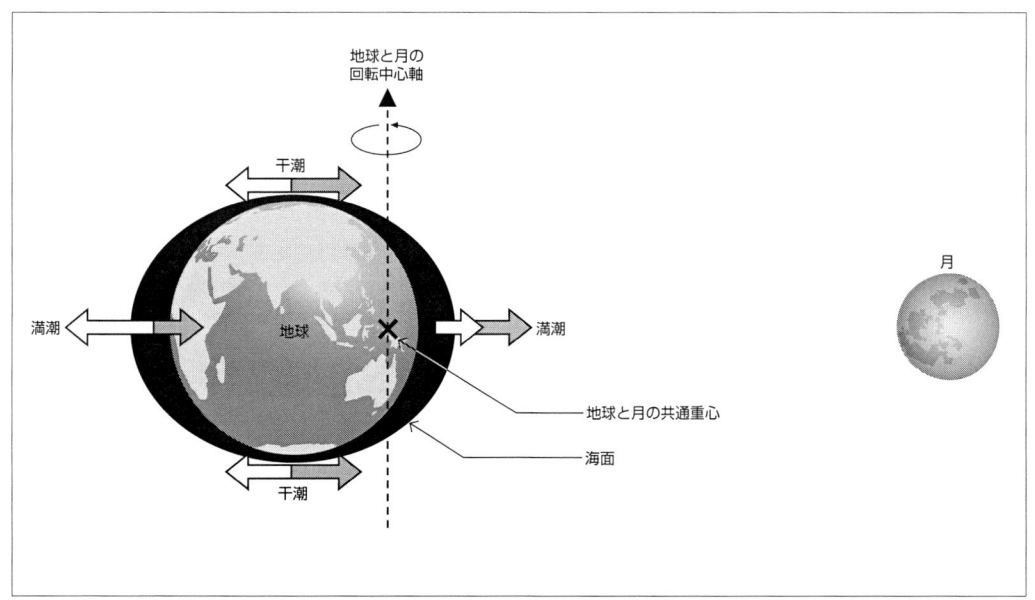

図3・8 月の潮汐作用．灰色の矢印は月の万有引力，白矢印は遠心力を示す．

第3章

　実は，月は地球の中心を軸に公転しているわけではない．月と地球は，地球の中心から約4700km（地下1700km）だけ月寄りの点（**共通重心**と呼ぶ）を中心として，互いに公転している．このため，地球にも月の方向とは反対向きに遠心力が働くことになる．これは，陸上競技のハンマー投げを思い出すと良い．ハンマーは選手によって回転させられるが同時に選手自身も回転する．そのときハンマーにはもちろん，選手にも遠心力が働いている．そのため，地球の月に向いた面とその反対側の面に，それぞれ地球中心から見て外向きの力が作用することになり，この両方の場所では満潮になる．そしてこれと垂直な方向の場所では干潮になるのである（図3・8）．このような月の万有引力と地球・月の回転による遠心力によって生じる力を**潮汐力**と呼ぶ．地球は24時間で自転するため，満潮と干潮は1日に2回ずつ起こることになる．なお，新月・満月期には地球・太陽・月が一直線に並ぶため，両者による潮汐作用が大きくなり，満潮と干潮の差がより大きくなる．反対に，地球から見て太陽と月のなす角度が90°のときは，両者の潮汐作用が互いに打ち消すように働くため，満潮と干潮の差は小さくなる．

3.2.3　地球の1日と月までの距離

　月の潮汐力による海水面の膨らみは**潮汐バルジ**と呼ばれる．潮汐バルジは一見，地球の月の方向とその反対方向に形成されるように思われるが，実際には，地球の自転が月の公転よりも速い

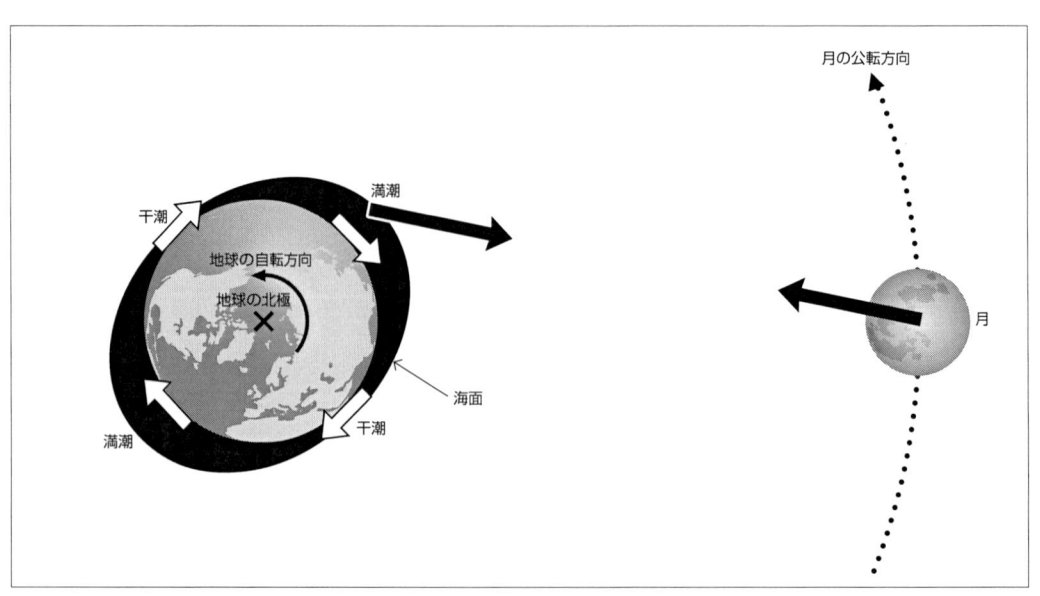

図3・9　地球・月と潮汐現象を北極側から見た図．白矢印は海底が海水から受ける摩擦力，黒矢印は潮汐バルジと月の間に働く万有引力を示す．

ため（月の出もしくは月の入の時間が毎日遅くなっていくのはそのためである），海水と海底の間に摩擦力が働いて海水が引きずられ，結果として月の公転に先行することになる（図3・9）．この海底が海水から受ける摩擦力の方向は，地球の自転方向と反対向きであり，このために地球の自転速度は次第に遅くなり，これに伴って1日の時間は次第に長くなってきている．その変化の割合は10万年あたりに1秒であるため，5億年前の地球の1日は22時間半程度しかなかったことになる．

また図3・9のように，月の公転に先行する地球の潮汐バルジの質量は，その万有引力によってわずかに月を加速させる．これは，地球を周回するロケットを加速すると，ロケットがより高い軌道にのることと同様であり，結局，地球の潮汐バルジによって加速された月は，地球から1年間で約3.8cmずつ遠ざかっていく（2.3節参照）．

その一方で，月にかかる地球の潮汐力は，月のそれよりも約80倍も大きいため，月に潮汐バルジが形成されると，地球以上に自転周期が遅れ始めることになる．そして現在，月の潮汐バルジが地球の方向を向いた所まで月の自転は遅れ，ついには公転周期と自転周期が同じ状態になっている．月の自転周期がここまで遅れてしまった結果，<u>地球から月の裏側は決して見ることができない</u>のである．

未来への指針

小学校の先生になるために

小学校の先生になるには，大学で小学校教員免許という資格を取得したうえで，希望する自治体の教員採用試験に合格しないといけない．首尾よく，先生になれた後にも，小学校の先生の仕事内容は実に多岐にわたっている．授業だけでも国語や算数はもちろん音楽，図工，家庭科，体育（水泳）も指導しなければならない．そのうえ，学校の運営や地域とのつながりも大切になる．そして何より，日々の子どもたちとのやりとりや保護者との連携が重要なのはいうまでもない．小学校の先生には，総合的な人間力が必要なのである．そこにさらに教育者としての高い倫理観や授業力，指導力が要求されるのだ．

しかし最も大切なのは，常に何かに魅力を感じられる心をもっていること，そしてそれを子どもたちに伝えられること，だと思う．本書を読んで，天文分野に強い小学校の先生が誕生してくれたら大変に心強い．一緒に子どもたちに宇宙の魅力を伝えようじゃないか！好奇心を刺激された子どもたちの輝く瞳に出会ってみようじゃないか！

COLUMN

月面ではためく? 星条旗

ここでは月の重力が地球の重力の6分の1になることを導き出してみよう．

万有引力定数を G，万有引力が働く2つの物体の質量をそれぞれ M，m，両者間の距離（正しくは重心間距離）を r，重力加速度を g としたとき，2つの物体間に働く万有引力の大きさ F は，

$$F = GMm / r^2 = mg$$

と表わされる．ここで，M_M，M_E はそれぞれ月と地球の質量，r_M，r_E はそれぞれ月と地球の半径として（これらの値は本文参照），この式から月の重力と地球の重力を計算し，その比を取ると，

$$重力の比 = (M_M / M_E) / (r_M / r_E)^2 = 0.012 / (0.27)^2 \sim 1/6$$

となる（質量 m は両方に共通で消える）．

さて，図3・10は1969年に**アポロ11号**が月面着陸した際に立てた星条旗である．この写真では，月の表面には大気がないにもかかわらず，星条旗が風で揺らめいているように見える．このからくりは以下のようなものであった．

すなわち，旗が垂れ下がらないように，旗の上側に棒を通し，星条旗が見やすくなるように支えていたのだ．揺らめいて見えるのは，上の棒の長さが足りずに，旗を伸ばしきれなかったためらしい．アポロ11号が月に持ち込んだ星条旗に，このような仕込みがなされていることは，当時の読売新聞昭和44年7月5日号にも記事が掲載されている（ただし記事では，棒ではなくワイヤーで支えていると誤解されて書かれてあったらしい）．

図3・10 月面に立てられた星条旗（NASA）

COLUMN

実は月の裏側も少し見えている！？

月は，楕円を描いて地球の周りを公転しており，さらに月の自転軸は，月の公転軌道面に対して 6.7 度だけ傾いている．このため，地球から月を観察するとき，次の3つの効果が現われる．第一に，月の出と月の入のときでは，地球の直径の分だけ観察者の位置が異なり，月を見る角度が異なる．つまり，月の出のときは月の西側，月の入のときには月の東側が少しだけ余分に見える．第二に，月の公転軌道面に対する月の自転軸の傾きのため，月が公転軌道上のどの場所にいるかによって，月の北極側もしくは南極側が少しだけ余分に見える．最後に，月の潮汐バルジが常に地球に向いており，かつ月の軌道が楕円であるため，月が公転軌道上のどこにいるかによって，月の東側もしくは西側が少しだけ余分に見える．これら3つの効果によって，地球から観察した月は，上下左右に首振り運動をしているように見える．この運動を**秤動**という．

月の秤動のため，実際には，地球から月の表面の59%が観察できる．つまり，ほんのわずかではあるが，月の裏側が見えていることになるのだ．

未来への指針

中学校理科教師の醍醐味

よく「放課後は，理科室で研究しているんですか？」とか「ビーカーでラーメンを食べたりしているんですか？」などなど聞かれる．そんな暇などあるわけなく，雑務や生徒指導に追われ，その合間をぬって，授業や教材研究をしている感がある．しかし，そんな中でも授業では教科書にある観察・実験はほとんどすべてこなしている．理科室での授業は生徒たちみんなが楽しみにしているからだ．中学校の授業では天文を教える機会は多くないが，機会がなければ自分で作ればいい．授業の中でときどき天文のトピックスや季節の星座の話をしたり，放課後望遠鏡を1台出して，ミニ観望会を行なったりしている．

さて，うまくいかないことも多いのが教師の仕事なのだが，入学当時はあどけなかった生徒たちも，気がつけば，自分の進路や人生を真剣に考える大人へと変貌をとげる．このさなぎから蝶へと変わる瞬間に立ち会うことができるのが中学教師の醍醐味である．自然や科学を楽しく語り，子どもたちの中に飛び込んでともに成長していける人に是非，私たちの仲間となってくれたらと願っている．

第3章

☕ Coffee Break　地平線の月は大きく見える！？

　司馬遼太郎の『竜馬がゆく』のなかに朱欒（柑橘類の一種であるザボンのこと）の月という言葉が出てくる．これは夕方，東の空に昇った大きな満月の色を形容した言葉である．地平線から昇ったばかりの満月の方が，天空高くにかかる満月よりも大きいように感じたことはないだろうか．しかし写真や教科書に描いてある月の大きさはどこでも同じである．この現象は「月の大きさに関する錯視」として，なんと数千年も前から議論されてきた．この問題に対する説明は主に3つある．

　まず1つ目は，月が地平線付近に見えるときと南中時とでは，観測者から月までの距離が少し変わるため，実際に地平線付近の月が大きく見えるというものである．確かに図3・11のように，地球の半径分（6400km）だけ距離は変わってしまうが，この差は地球と月の平均距離38万kmに比べて非常に小さいため，この距離の違いによって月の広がり具合に生じる角度の差（わずか1/100°程度）は肉眼ではとらえられない．しかも，図3・11を見ればわかるように，観察者が月に近いのは，月が地平線付近に見えるときではなく，月が南中しているときなのだ．

　2つ目は，大気による屈折によって地平線付近に見える月の方が大きく見えるというものである．宇宙空間から地球の大気に入った光は，下から上に屈折する．これは大気の厚みが，観測者の見上げた角度（高度）によって変化し，地平線付近で非常に厚くなるためである．そのため，図3・12のように，地平線に沈む夕日が縦につぶれて横長に見える現象が起こる．しかし，大気の屈折は縦方向（鉛直方向）だけの変化であって，大気の厚みが同じである横方向（水平方向）には変化しない．したがって，月「全体」が地平線付近で大きくなることは説明できない．

　3つ目は，建物や山などの比較対象物が視界にあると，人間は物体の大きさを大きく認識するというものである．先の2つが物理的に大きく見える説明であるのに対し，これは

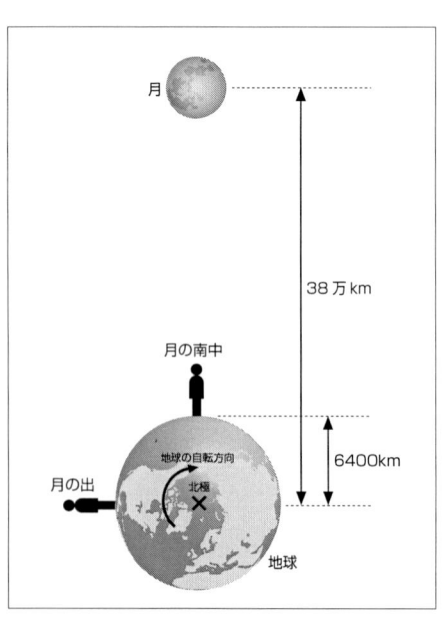

図3・11　観察者と月との距離

心理学の観点からの説明である．しかし，比較対象物がない水平線付近の月を見ても「月の大きさに関する錯視」が生じることが知られており，心理的な理由でもやはりうまく説明できない．

実は，現在この問題に対する明快な答えは存在していない．これに対して，アメリカの天文学者プレイト（Philip Plait）が，その著書の中で興味深い説明を行なっているので，ここに紹介しておこう．彼の説明は，人は空を天球として認識し，そこに天体が貼り付いて運動しているように感じているが，実際には天「球」ではなく，底がつぶれたお皿のような形で認識しているというものである（図3・13）．このような天球のとらえ方は，実は1000年ほど前から指摘されているのだが，この効果によって人は，地平線方向の空よりも，頭上の空の方が近いととらえ，反対に地平線方向にある月の方を遠くにあると感じることになる．また，人は見かけが同じ大きさであれば，遠くにあるものほど，より大きいと認識する．したがって"実際の月の見かけの大きさは変わらないが，遠くにあると感じる地平線方向の月の方が大きいと人は認識してしまう"というのである．

いま一度，今宵の月を眺めてみていただきたい．月は大きいだろうか小さいだろうか？

図3・12 水平線付近の太陽は縦方向につぶれて横長に見える．月に対しても同様の現象が生じる（出典：http://blog.goo.ne.jp/posekoba/m/200612）

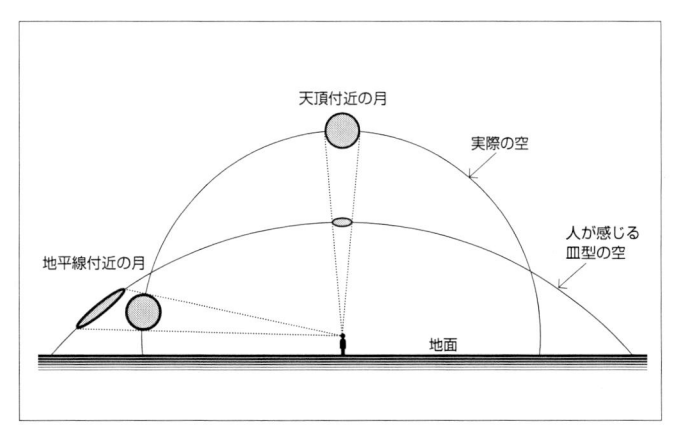

図3・13 人間の空（天球）の認識

第3章

3.3 まだまだ謎の多い太陽系の天体

「星はすばる．ひこぼし．ゆふづつ．よばひ星,すこしおかし．尾だになからましかば,まいて．」

これは第1章の1.3にも登場した，平安時代の清少納言が書いた随筆『枕草子』に出てくる文章である．このフレーズには清少納言が美しいと思う星の名前がつづられているが，それぞれ，どの星のことかおわかりだろうか？ 最初の「すばる」はおうし座にあるプレアデス星団のことで，ハワイにある「すばる望遠鏡」の名前にもなっている．次の「ひこぼし」は七夕でもおなじみの織姫星のお相手，わし座の一等星アルタイルだ．そして，「ゆふづつ」は金星のことを意味している．「宵の明星」と言い換えれば，聞き覚えのある方もいるだろう．そして「よばひ星」は流れ星，つまり流星のことだが，清少納言は流星には尾がない方がより美しいと考えていたようだ．

さて，金星をはじめ，肉眼でも見ることができるほど明るい木星や土星，火星，水星は星空で目立つ存在であり，また古くから，星座を形作る星々「恒星」とは違う特徴をもつことが知られていた（恒星については第4章を参照）．たとえば，長い期間観察を続けていると，惑星は星々の間を少しずつ移動していく．しかも東へ移動（**順行**）していたかと思うと，しばしその場にとどまり（**留**），今度は西へ移動（**逆行**）し，そしてまた東へ動いていく．「惑星」という名前は，このように恒星の間を行き来する様子から，惑う星そして私たちを惑わす星という意味に由来している．

ここでは太陽系の惑星の特徴や，惑星以外で太陽の周りを回る天体「太陽系の仲間」，そして太陽系の成り立ちを紹介しよう．

3.3.1 太陽系の概要

図3・14の概念図に描いたように，**太陽系**とは，太陽の強大な重力に引かれて，太陽の周りを回っている天体すべてを含めた構造である．その構成メンバーは**惑星**，惑星の周りを回る**衛星**（月は地球の衛星である），火星と木星の軌道の間にたくさん分布している**小惑星**，時折きれいな尾をたなびかせながらやってくる**彗星**，海王星よりも遠くの領域にたくさん見つかっている小天体である**太陽系外縁天体**などだ．また，天体と呼ぶほど大きくはないが，**流星**や**隕石**も元々は太陽系内にあったものだから太陽系の一員と言えるだろう．さらに2006年には**準惑星**という新たな分類もでき，冥王星がその代表例とされている．

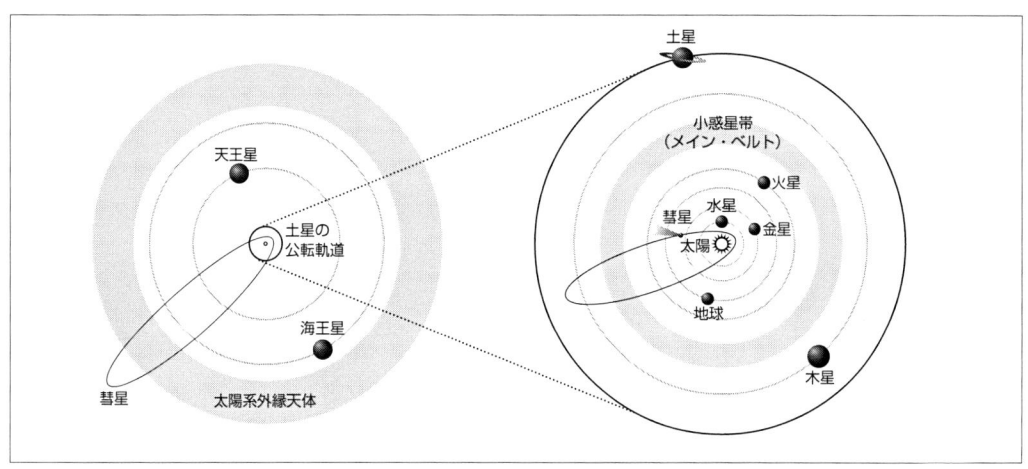

図3・14 太陽系の概念図

　現在，惑星に分類されているのは，**水星・金星・地球・火星・木星・土星・天王星・海王星**の8個である．個性は様々であるが，その構造から，前者4つが主に鉄の中心核と岩石でできた地殻をもつ**地球型惑星（岩石惑星）**，後者4つが主に水素やヘリウムのガスでできた**木星型惑星（ガス惑星）**に大別される．しかしながら，最近では研究が進み，天王星と海王星は，氷とガスが取り巻いている**天王星型惑星（氷惑星）**と呼ばれることも多い（図3・15）．

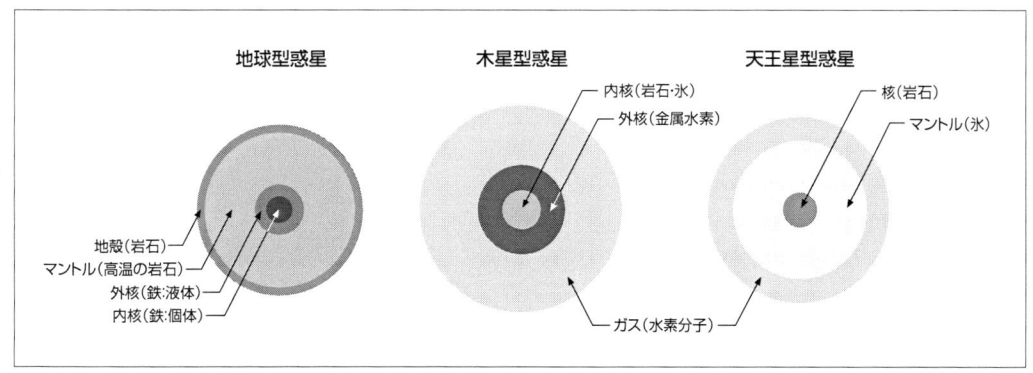

図3・15 太陽系の惑星の構造

　また，惑星そのものの性質とは別に，地球よりも内側の軌道を公転する惑星を**内惑星**，外側の軌道を公転する惑星を**外惑星**と呼ぶこともある．これは，内惑星と外惑星で，地球から観察される天球上での見かけの動きが異なるためである．

　続いて，各惑星の特徴を太陽に近い順に見ていこう．

3.3.2 地球型惑星—水星，金星，地球，火星

水星は肉眼で観察できる惑星の1つであるが，実際に見たことがあるという人はそう多くないだろう．太陽系の惑星の中で，最も太陽の近くを公転している水星は，地球から見るといつも太陽の近くにあるため，太陽のまぶしい光にさえぎられてなかなか見ることができないのだ．水星を観察するチャンスは，地球から見て，水星がなるべく太陽から離れた時期の日の出直前か日の入直後のわずかな時間だけだ．

水星の素顔を初めて克明にとらえたのは，NASAが1973年に打ち上げた探査機マリナー10号である．水星表面はたくさんのクレーターで覆われており，月の表面にも似ている（図3・16）．これは，水星には大気がほとんどなく，風や雨がないために，**隕石**などの衝突でできたクレーターが風化せず，そのまま現在まで残っているためである．また，水星の公転周期が88日であるのに対し，水星の自転は太陽を2周する間にたったの3回転である．このため，水星の1日（日の出から次の日の出まで）は，なんと176日間も続く．そして，水星では長い昼の間，太陽から強烈な熱を浴び続け，表面温度は400℃以上にもなるが，反対に長い夜の間には，大気がないために，熱はどんどん宇宙空間へ逃げてしまい，マイナス200℃近くにまで冷えてしまう．

このように地球とは大きく異なる環境をもった水星だが，マリナー10号が撮ったのは水星表面のたった半分のみであり，それ以来，一度も探査機は訪れていない．そのため，水星にはまだまだいくつもの謎が残されている．たとえば水星は，太陽系の惑星の中で最も小さいが，その割に密度が高い．これは中心部に金属質の巨大な核があるためではないかと考えられている．また，同じ地球型惑星の金星と火星には磁場が見つかっていないにもかかわらず，水星には地球のような磁場があることがわかっている．そして，水星は公転面に対してほぼ垂直に自転しているため，北極や南極には永久に光が当たらない領域があるかも知れず，そこには固体の水（氷）があるかもしれないと考えられている．これらの謎を解くため，現在，アメリカの水星探査機メッセンジャーが水星に向かっている．2011年には水星の周回軌道に到着予定だ．

宵の明星，**明けの明星**として昔から親しまれているのが**金星**である．夕方の西の空に見える

図3・16 探査機メッセンジャーが撮影した水星（NASA）

ときを「宵の明星」，明け方の東の空に見えるときを「明けの明星」と呼んでいる．金星は水星の次に太陽の近くを公転する惑星で，地球よりも内側の軌道を公転している内惑星である．そのため地球から見た金星は，水星と同様に，いつも太陽の近くにあり，日の入後か日の出前にしか見ることができない（図3・17）．ただ金星は，水星よりも太陽からの距離が遠いため，水星よりは見る機会が多くなる．実際に，最も離れて見える頃（このような内惑星の位置を，**東方最大離角**または**西方最大離角**という）には，日の入後または日の出前に4時間近くも金星を見るチャンスがある．ただし，内惑星である金星や水星は，決して真夜中に見ることはできない．

望遠鏡で金星をのぞいてみると，決して丸い形には見えない．金星も月のように満ち欠けをしているためである

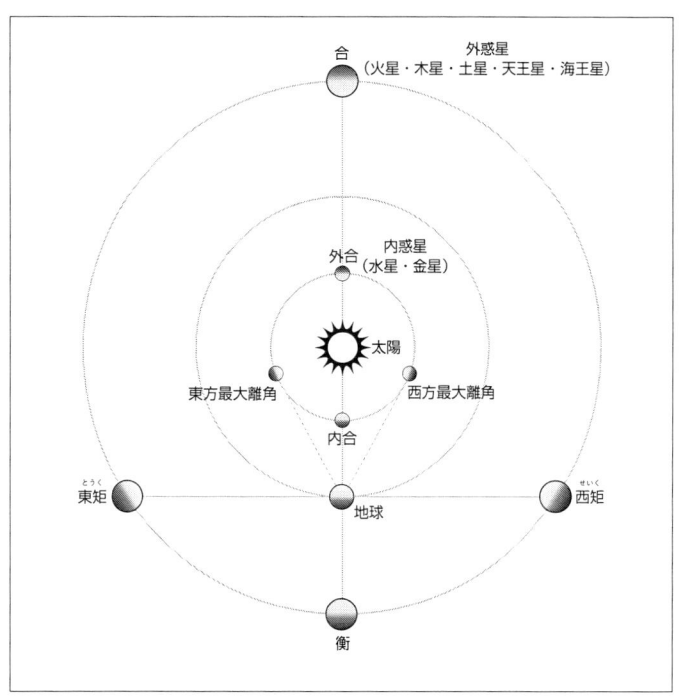

図3・17 地球と内惑星・外惑星の位置関係

図3・18 金星の満ち欠け（提供 国立天文台）

（図3・18）．たとえば，地球と太陽の間に金星がいるとき（**内合**という）は，いわゆる新月の状態となり金星は見えない．また，満月の状態になっているときの金星は，地球から見てちょうど太陽と同じ方向にあり，さらには太陽の向こう側に位置するため（**外合**という），やはり金星は見えなくなる．金星が見やすい位置にあるときには，半月や三日月型をしているのだ．さらに注意深く観察すると，見かけの大きさも変わって見える．地球に近い時には大きく，遠い時には小

第3章

さく見えるわけだ．

　この金星の満ち欠けと大きさの変化に，最初に気づいたのはガリレオ・ガリレイであった．金星の満ち欠けと大きさの変化は，当時主流だった天動説では説明不可能であり，金星が地球よりも太陽に近い軌道を公転していると考える必要があった．金星は，ガリレオが地動説を提唱するきっかけになった惑星なのだ．なお，満ち欠けして見えるのは，内惑星である水星も同じだが，水星は小さく，金星よりも遠くにあるため，満ち欠けを見るのは非常に難しい．また実は，外惑星もわずかに満ち欠けをしているのだが，遠い惑星ほどほんのわずかに欠ける程度である．

　金星は大きさ・密度ともに地球と同じ程度の惑星である．また，誕生したときの環境も地球と似ていたのではないかと考えられており，地球と双子の惑星と呼ばれることもある．しかし，現在の金星の環境は地球と大きく異なっている．これまでの探査でわかっているのは，まず大気の9割が二酸化炭素であること，しかも大気が大量にあるため気圧は地球の90倍にもなっている．これは水深約1000mの水圧と同じくらいだ．そしてこの二酸化炭素による**温室効果**のため，地表の温度は400℃以上にもなっている．このような高温では水は蒸発してしまい液体では存在できないが，誕生間もない金星には，地球のように海があったかもしれないと考えられている．そして上空には濃硫酸の分厚い雲が浮かび，金星全体を覆っている．金星がとても明るく輝いて見える理由の1つは，この雲が太陽の光を非常に良く反射するからである（図3・19）．

　また，金星は太陽系の惑星の中で唯一，逆向きに自転している．さらに面白いことに，自転周期が243日ととてもゆっくりであるにもかかわらず，上空ではその60倍もの速さの強風が吹いているのである．しかし現在，このような強風が吹くメカニズムや雲のでき方，かつて海があったのか否かなど，多くのことがわかっていない．日本では，金星探査機「あかつき」が2010年5月に打ち上げられ，これらの解明に挑むことになっている．

　さて，私たちが住んでいる**地球**は，太陽系で唯一，広大な水からなる海をもち，生命が存在する惑星である（図3・20）．このため，最初の生命は海の中で誕生したと考えられている．そして，海中の藍藻類が作り出した酸素から**オゾン**が形成され，これが太陽から降り注ぐ紫外線を遮ることによって，陸上にも生物が進出で

図3・19 探査機パイオニア・ビーナス1号が紫外線で撮影した金星（NASA）

きるようになったのである．このように，生命の発生にも，そして我々人類が生存していくうえでも水は欠かせない存在である．そもそも水が液体で存在していられるのは，地球が太陽から遠すぎず，また近すぎることもないちょうどよい距離に位置しているからである．このような領域のことを**ハビタブルゾーン（居住可能領域）**と呼んでいる．もしも地球が，今よりも太陽に近いところに誕生していたら，熱すぎて水は水蒸気になってしまい，反対に太陽よりも遠い位置では，寒いために氷になってしまうだろう．偶然とも言える今の位置に地球が誕生したおかげで，水は固体・液体・気体すべての状態になることができるのだ．

図3・20 月周回衛星「かぐや」のハイビジョンカメラで撮影した満地球の出（提供 JAXA/NHK）

また，地球はそれ自身が生きている惑星ともいえる．私たち日本人には**地震**や**活火山**の存在はなじみが深いが，地球の内部で**マントル**が対流し大陸や海底が動くことで起こるこれらの現象は，地球が今でも活動している証である．他の惑星では，金星や火星に火山が噴火したと思われる地形が見つかっているが，現在も活動しているという証拠はまだ確認されていない．

火星は，地球の公転軌道の1つ外側を回る，地球の隣の惑星である．大きさは地球の半分ほどだが，その公転軌道のため地球に大接近することがあり，そのときには明るく赤く輝いて見える（図3・21）．火星が赤く見えるのは，地面の多くが赤っぽい砂や岩石で覆われ，まるで乾いた砂漠のように赤い大地がずっと広がっているからである．そして，火星の砂や岩石が赤いのは，中に含まれる鉄分

図3・21 ハッブル宇宙望遠鏡が撮影した火星（JPL/CALTECH/NASA）

第3章

が酸化して赤さびのような状態になっているからである．

　私たちが火星の地面を直接観察することができるのは，先の金星とは反対に，火星の大気が非常に薄いためである．火星大気の主な成分は二酸化炭素であるが，その薄さのため雲がほとんど発生せず大抵晴れている．そこで，火星と地球が大接近したときには火星の表面を観察する好機となる．地球は火星よりも内側の軌道をより速いスピードで公転しているため，約2年2ヵ月ごとに火星を追い越し，そのたびに火星に接近する．ただし，惑星の軌道は多かれ少なかれ楕円形であるため（コラム P73 参照），いつも同じ距離まで接近するわけではなく，約1億 km までしか近づかない**小接近**もあれば，約 5600 万 km にまで近づく**大接近**のときもある．大接近のときに火星に望遠鏡を向けてみると，図3・21 に見られるように北極と南極の部分が白くなっている様子がわかる．**極冠**と呼ばれる地形である．まるで氷で覆われた地球の北極・南極のようだが，火星の場合は，固体の二酸化炭素（ドライアイス）で覆われている．最近の火星探査機の調査から，ドライアイスの下には固体の水（氷）があるのではないかと推測されている．水の存在は生命の発生にも大きく関わるため，火星には，昔から生命の存在が期待されてきた．今のところ，残念ながら生命の確実な証拠は見つかっていない．しかし，火星に着陸した探査機によって，水が流れたような跡や形成に水が関わる物質が発見されており，火星にはかつて水が大量にあった可能性が指摘されている．そして，生命の痕跡が見つかるかもしれないという期待も高まっている．

3.3.3　小惑星

　火星から次の惑星である木星まではかなり距離が離れているが，この間には岩石質の小天体，**小惑星**が多数存在している．小惑星が存在する領域は，太陽を一周して帯状になっているため**小惑星帯**と呼ばれ，現在，番号が登録されているものだけで 20 万個以上もある．この領域で 1801 年に初めて発見された小惑星は，中でも最も大きな直径約 910km の**ケレス**である．2006 年 8 月に準惑星という新たな分類が作られたときに，その大きさからケレスも準惑星の仲間に加えられた（第 3．3．6 節，図 3・28 参照）．

図3・22　探査機はやぶさが撮影した小惑星イトカワ（ISAS/JAXA）

2005年11月，日本の小惑星探査機「はやぶさ」が小惑星イトカワへの着陸に成功した．イトカワは，これまでに探査機が直接訪れたことのある天体の中では最も小さいサイズ（500 × 300 × 200m 程度）である．はやぶさ探査機の観測からイトカワは，図3・22のように2つの楕円体の物体がくっついたような形をしていることがわかり，ラッコのような姿にも例えられて話題になった．しかし何よりも研究者を驚かせたのは，イトカワの表面がとても多くの岩の塊や石で覆われていたことである．また，他の小惑星に比べて，クレーターの数が少ないことも明らかになった．これらはイトカワが，もっと大きな天体同士が衝突して壊れ，その破片が寄せ集まって形成されたためではないかと考えられている．はやぶさは，イトカワの物質を採取して地球に持ち帰ることも試みており，2010年6月には，イトカワの物質が入っていると思われるカプセルが無事回収された．このカプセルの中身は，小惑星の謎や太陽系の起源を探る手がかりになると期待されている．

　小惑星帯には，まだ発見されていない小さなものまで含めると100万個以上の小惑星が存在するのではないかと考えられている．ではなぜ，火星と木星の間のこの領域にこんなにも多くの小惑星が存在するのだろうか．そして，なぜここに1つの大きな惑星が形成されなかったのであろうか．現在，この謎に対する明瞭な答は得られていない．1つの説として，もともとこの領域には惑星の材料が少なく，そのために1つの惑星にまでは成長し切れなかったというものがある．実際に，小惑星すべての質量を足し合わせても月にも及ばないのである．またこの説とは別に，いったんはある程度の大きさの天体がいくつか形成されたものの，木星の強大な重力の影響で軌道が乱され，お互いが激しく衝突してバラバラになってしまったという説もある．

3.3.4　木星型惑星—木星，土星

　木星は太陽系最大の惑星である．その直径は地球の11倍もあり，質量も惑星の中で最も大きく，木星以外の惑星の質量を全部足しても木星の半分にもならない．しかし，木星の大部分は，水素やヘリウムを主成分としたガスであるため，その密度は惑星の中で3番目に小さい．また木星中心部には，鉄や岩石などでできた固い**核**があるのではないかと考えられている．

図3・23　ハッブル宇宙望遠鏡が撮影した木星（NASA）

第 3 章

　木星は，図3・23に見られるような，表面の縞模様が特徴的であり，比較的小口径（6 cm 程度）の望遠鏡でも十分に見ることができる．この縞模様は木星の雲が作り出しているものだ．木星は，巨大な惑星でありながら，1回の自転にかかる時間はわずか10時間弱である．この速い自転スピードのため，木星表面では東西方向に強い風が吹き，それによって雲が縞模様を作り出しているのだ．また，縞以外にも渦巻模様が所々にあり，中でもいちばん目立つものは**大赤斑**と呼ばれる赤い目玉のような模様である（図3・23の右端中央に見える巨大な楕円模様）．大赤斑は，地球の直径の約3倍もある巨大な大気の渦であり，巨大な台風に例えられることもある．

　望遠鏡で木星を観察すると，その横に数個の小さく光る点が見えることがある．これは木星の周りを公転している衛星（木星の月）である．特に小さな望遠鏡でも見える4つの衛星（イオ・エウロパ・ガニメデ・カリスト）は，1610年にガリレオ・ガリレイが発見したことにちなんで**ガリレオ衛星**と呼ばれている（図3・24）．特にイオには火山活動が発見されており，エウロパには衛星全体を覆う分厚い氷の下に，海が広がっていると考えられている．これらはいずれも生命存在の可能性を秘めている．これらガリレオ衛星以外にも，木星には非常に多くの衛星があり，現在では60個以上を数えるまでになっている．

図3・24　ガリレオ探査機が撮影したガリレオ衛星．左からイオ・エウロパ・ガニメデ・カリスト（NASA）．

　土星は，なんと言っても大きくて立派な**環**が印象的である（図3・25）．小さな望遠鏡でも環を見ることができるので，一度はその姿を見たことがある人も多いだろう．それもそのはずで，望遠鏡で見える土星の環は，端から端までで土星3個分もの広がりがあるのだ．地上の望遠鏡では見えないかすかな部分まで含めると，実は5倍以上にも広がっている．土星本体も巨大で，太陽系の惑星で2番目の大きさをもち，直径は地球の9倍にもなる．しかしガス惑星であり，さらに木星よりも水素やヘリウムなど軽い物質が占める割合が高いため，密度は惑星の中では最も小さく，$1cm^3$ あたり0.7gしかない．同じ体積であれば水よりも軽く浮いてしまうのである．

まるで1枚の円盤のように見える薄い環は，口径の大きな望遠鏡で観察すると，実は1000本以上もの細い環とすき間でできていることがわかる．さらに細い環は，小さな氷や岩の塊が連なったもので，そのひとつひとつが土星の周りを回っている．どうして土星

図3・25 探査機カッシーニが撮影した土星（NASA）

にだけ立派な環があるのか，どうやって環ができたのかについては，まだはっきりとはわかっていない．土星の衛星や，他の所から飛来した彗星，小惑星のような小天体が互いに衝突して粉々になったものか，または土星の強い重力の影響で引き伸ばされ破壊された細かな物質が土星の周りをきれいに回るようになったものではないかと考えられている．

このような土星の謎を解明するため，1997年に土星探査機カッシーニが打ち上げられた．カッシーニは，2004年に土星の周回軌道に到着し，土星の近くを回りながら，2010年1月現在も探査を続けている．地上の望遠鏡では見えないような小さい衛星や細い環を次々に発見し，土星を一回りしていない弧状の環（衛星が粉々になる直前なのではないかと思うような形をしている）も発見している．環の起源解明の鍵となるかもしれない．

環のある惑星と言えば，この土星を思い浮かべる人が多いだろう．しかし，木星にもとても細く薄い環が存在している．1979年に探査機ボイジャー1号が木星に接近したときに発見されたものだ．地上の望遠鏡で立派な環が見えるのは土星だけであるが，実は木星から外側の惑星，つまり木星，土星，天王星，海王星にはすべて環があるのだ．

3.3.5 天王星型惑星—天王星，海王星

天王星は，1781年にウィリアム・ハーシェル（William Herschel）が望遠鏡で夜空を観測中に，偶然発見した天体である．水星，金星，火星，木星，土星の5つの惑星は非常に明るく，肉眼でもよく見えるため，人類には太古の時代からその存在が知られていた．これに対して天王星は，最も明るい時で5.3等級という肉眼で見えるかどうか程度の明るさであるため，ハーシェルの発見は天体望遠鏡が発達した成果と言えるだろう．これによって天王星は，初めてその発見者が歴史に名前を残した惑星となったのである．天王星は太陽系で3番目に大きな惑星であるが，地球

第3章

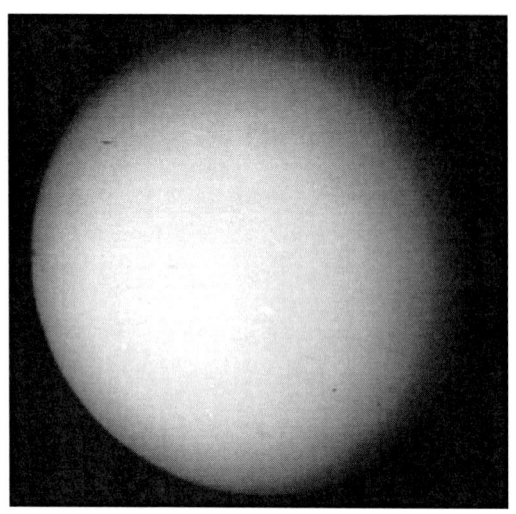

図3・26 ボイジャー2号が撮影した天王星（NASA/JPL）

から非常に遠いため，全体的に淡い青緑色に見える以外，表面の様子はあまりよく見えない．1986年にボイジャー2号が接近したときにも，特に目立った模様は見られなかった（図3・26）．表面は水素などのガスで覆われた巨大ガス惑星であるが，太陽から遠く冷たいところにあるので，大部分が氷や固体のアンモニア・メタンなどでできていると考えられている．このために氷惑星と呼ばれることもある．

天王星の大きな特徴は太陽系の惑星で唯一，自転軸が横倒しになっていることであろう．他の惑星の自転軸が，その公転面に対してほぼ垂直かやや斜めに傾いている程度であるのに対して，天王星では公転面にほぼ沿うように寝転がっているのだ．天王星が誕生した当初は，自転軸が公転面にほぼ垂直になっていたのかもしれないが，過去に大きな天体が衝突して横倒しになったのではないかと考えられている．

小さな望遠鏡では見えないが，前述したように，天王星にも細い環が存在している．1977年，天王星が背後にある恒星の光を遮る現象（**掩蔽**という）を観測していたとき，天王星本体が遮る前と後にも何かが恒星の光を遮っていることがわかり，環の存在に気づかれたのだ．ボイジャー2号が接近したときには，初めて天王星の環が直接撮影された．

海王星は，計算によってその位置が予測され，それに基づいて1846年に発見された初めての惑星である．大きさは天王星よりやや小さめで，表面は水素などのガスで覆われた巨大ガス惑星である．しかしその大部分は氷でできていると考えられており，天王星同様にしばしば氷

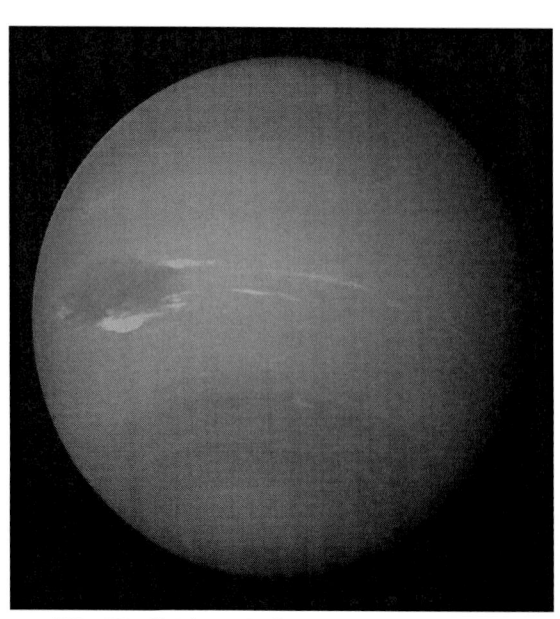

図3・27 ボイジャー2号が撮影した海王星（NASA/JPL）

惑星とも呼ばれる．

　望遠鏡で見ると青っぽく見えるが，これは海王星の大気，雲の色である．海王星の大気に含まれているメタンが赤い光を吸収するため，太陽光が当たっても青い光しか反射しないのではないかと考えられている．1989年にボイジャー2号が接近した際に，近距離から海王星の撮影が行なわれた（図3・27）．このときに，模様がほとんどない天王星に対して，海王星には大暗斑と名付けられた大気の渦模様や白い雲が見つかっている．この大暗斑は，その後のハッブル宇宙望遠鏡での観測では消えてしまっていた．

　海王星が発見された年には，その衛星トリトンも見つかっているが，この衛星にはちょっと変わった特徴がある．海王星の自転とは逆向きに公転しているのである．木星や土星などの衛星にも逆行しているものはあるが，そのサイズはトリトンほど大きくはない（トリトンは冥王星よりも大きい！）．この原因として，トリトンは別の場所で誕生した天体で，海王星に接近したときに，その重力につかまったためではないかと考えられている．

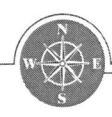

未来への指針

宇宙や天文に関わる仕事をするには？

　宇宙・天文関連の仕事はいろいろある．大学などに勤める天文学者．ロケットや衛星，探査機など宇宙開発に携わる人．宇宙関連の民間企業．科学館や博物館，プラネタリウムの解説員．公共天文台の職員．望遠鏡メーカー．天文関連の出版社．などなど．また，仕事は別にもちながら個人的に研究をしているアマチュア天文家も日本にはたくさんいる．

　職業によっては専門の資格が必要だ．たとえば，博物館などでは学芸員の資格が必要な場合があり，教育機関でもあるので教員免許があるとよい場合もある．筆者は大学で両方とも取得したが，現在の仕事には必須でなかった．しかし，広報の仕事内容は多岐にわたっており，天文台の研究紹介の展示を作ったり，地域の学校で授業をしたりすることもあるので，どちらの資格もいきている．

　最近は，科学全般の業種に役立つスキルとして「サイエンスコミュニケータ」の養成講座を開講している大学や科学館がある．サイエンスコミュニケータとは，大まかに言えば，科学技術の専門家と一般市民との間をつなげる，橋渡しをするような人のことだ．科学の重要性や意義，楽しさなどを効果的に伝えることは，あらゆる場面で必要となるため，上記にあげた職業以外に，新聞記者などのマスコミ関係者，研究者を目指す大学院生，技術系企業，学校の先生などいろいろな立場の人が受講している．これは資格ではないので就職が保証されているわけではないが，勉強してみるのもよいだろう．

第 3 章

☕ Coffee Break　海王星の発見

　ハーシェルによる天王星の発見が望遠鏡発達の勝利であるとするなら，海王星の発見はニュートン力学発展の勝利と言えるだろう．ニュートン力学が太陽系の天体の運行を，極めて精度よく記述できることがわかったのは，海王星発見のせいぜい 90 年前である．

　そのニュートン力学を用いて，当時まだ未発見だった海王星の軌道計算を試みたのは，イギリスのケンブリッジ大学の学生アダムス（J.C. Adams）であった．アダムスは，天王星運行の観測と理論のズレを，天王星の外側をまわる未発見の惑星の重力の影響であると考えて軌道を計算し，1845 年 9 月にはその存在位置まで予測した．そしてこれをグリニッジ天文台の台長エアリー（G.B. Airy）に示し，未発見の惑星があると思しき天域に望遠鏡を向けてもらえるよう何度も願い出た．しかし，エアリーはこの若き天文学者の計算を信じることができず，1846 年 9 月になって，ようやく助手であるチャリス（J. Challis）に新惑星の探索を命じた．惑星は恒星の間を惑うように動いていく，したがって新たな惑星を見出すためには，同じ天域をある程度時間をあけて撮影し，その両方に写っている無数の星の位置を比べなければならない．チャリスはアダムスが予測した天域の写真を淡々と撮影し続けた．

　一方，フランスのルベリエ（U.J.J. Leverrier）はアダムスに遅れること 2 年，そのライバルの存在さえ知らずに，ニュートン力学を駆使して新惑星の位置を導き出していた．1846 年 9 月，ルベリエはそれをドイツのベルリン天文台の助手ガレ（J. Galle）に連絡した．ベルリン天文台台長エンケ（J.F. Encke）は，やはり気が進まなかったものの（なぜか偉くなるとこうなるものらしい），ガレがこれを説得し自ら望遠鏡をルベリエが指し示した天域へ向けた．幸いなことに，ベルリン天文台には，ルベリエが予測した天域の星図がすでに存在していた．したがって，ガレはとりあえず写真を撮影し，それを星図と比べるだけでよかった．ガレが望遠鏡を動かしたその晩に，ルベリエの予測位置から角度で 1 度も離れていない場所に，海王星が発見された．1846 年 9 月 23 日，ルベリエからの手紙がベルリン天文台に届いたその日の夜のことであった．

　新惑星発見の報が届いたグリニッジ天文台では，チャリスが自ら撮影した写真を確認したところ，見事に海王星を捕らえていた．アダムスの計算もまた正しかったのである．現在では，海王星の発見者は，ルベリエ，ガレ，そしてアダムスとされている．

3.3.6 太陽系外縁部

海王星のさらに外側には**冥王星**が存在し，以前は太陽系第9番惑星とされていたが，2006年8月に，チェコのプラハで開催された**国際天文学連合**（The International Astronomical Union ＝ IAU）の総会で，これを惑星から準惑星へと分類し直すことが決議された．これによって，太陽系の惑星は本節の最初に述べたように8個となった．これは1992年以降，海王星軌道の外側に，多数の天体が相ついで発見されたことに端を発する．これらは，提唱者の名前をとって**エッジワース・カイパーベルト天体**と呼ばれていたが，やがてこれらの中に，冥王星に匹敵するような大きさをもつものが多数発見されるようになり，冥王星を惑星とすることに疑問を抱く研究者が増え始めた．また並行して，惑星の形成過程自体が，冥王星と他の惑星とでは異なっているらしいことがわかってきた．そして2003年，ついに冥王星の外側に，冥王星より大きなサイズをもつ天体**エリス**（今では準惑星に分類されている）が発見されるに至り，改めてそれまで不明瞭だった「惑星」の定義を定めることとなった．その結果，太陽系の惑星とはi）太陽の周りを公転し，ii）自分自身の重力で球形になっており，iii）その公転軌道上のほとんどの質量を担っている，ような天体とされた．冥王星は自身に比べて巨大な衛星**カロン**（質量は冥王星の10％程度）をもっており，さらに他にも公転軌道を同じくするような小天体が存在するため，上記の条件iii）には該当せず，惑星ではなく準惑星に分類されることになった．

このように現在では，海王星の外側に，冥王星をはじめ微小な天体がはるか遠くまで無数に存在することが明らかになってきており，このような天体をまとめて**太陽系外縁天体**と呼んでいる（図3・14参照，図3・28）．太陽から海王星までの距離は約30天文単位（第2章コラムP33参照）だが，冥王星までの距離は約40天文単位，エリスまでの距離は約70天文単位にもなり，なかには太陽から900

図3・28 惑星と準惑星
(http://martianchronicles.files.wordpress.com/ 2008/10/dwarf_planet_sizes_big.jpg)

第3章

天文単位以上にまで離れる太陽系外縁天体も発見されている．冥王星の準惑星への分類は，「太陽と9つの惑星からなる太陽系」という従来の太陽系像が，「太陽と8つの惑星そしてその周りを大きく取り巻く無数の微小天体からなる太陽系」という最新の研究成果が反映された描像に取って替わられた事件だったのである．

3.3.7 太陽系の誕生

我々の太陽系がどのように誕生したのか，そして我々が住むこの地球をはじめとする惑星たちはいつどのように形成されたのか，これらは現在盛んに研究されている分野である．まだ解明されていない部分も多いが，スーパー・コンピュータを用いたシミュレーションなどの研究も進み，次のようなシナリオが考えられている（図3・29）．

今からおよそ46億年前，宇宙の中でもガスと塵の濃い領域が自らの重力で互いに少しずつ集まって収縮していく．ガスと塵は収縮するにつれて回転し始め，それがやがて原始惑星系円盤と呼ばれる平らな円盤状になっていく．回転の中心はガスの密度が一番高く，また温度が高い場所で，そこに**原始太陽**が形成される．原始太陽の周りを円盤状に回る物質が冷えてくると，それが固まって直径数kmくらいの**微惑星**が大量に形成され，それらが衝突と合体を繰り返して，次第に大きな惑星になっていったと考えられている．現在では観測技術も進み，このような円盤状の物質を周囲にもつ若い恒星が発見されるようになってきており，理論と観測の両面から研究が進められている．

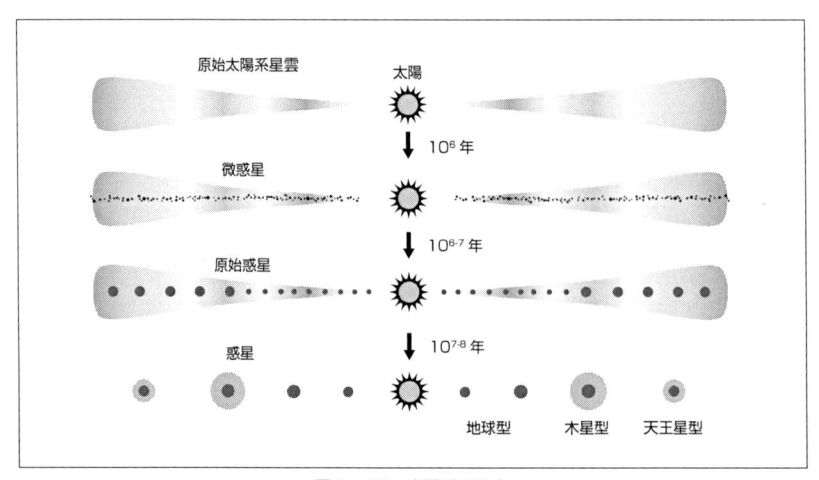

図3・29 太陽系の形成

COLUMN

ケプラーの法則

　宇宙にも行けるようになった現代，私たちは，地球が太陽の周りを回る惑星の1つに過ぎないことを知っている．しかし古代の人々は，星や惑星そして太陽・月までもが地球の周りを回っていると信じていた．この天動説は，西暦100年頃の天文学者プトレマイオス（C. Ptolemaeus）によって整備され，千年以上もの長きにわたって信じられてきた．当時は惑星の運行を精度よく予測できた天動説も，16世紀頃にもなるとずれが大きくなり始め，次第に惑星の運動を説明できなくなってきた．そしてついに，ニコラス・コペルニクス（N. Coperunicus）が太陽を中心にした方が惑星の動きをうまく説明できるとして地動説を提唱した．しかしこのとき，コペルニクスは，惑星の軌道を依然として円だと考えていた．

　16世紀後半に活躍した天文学者ティコ・ブラーエ（Tycho Brahe）は，望遠鏡発明前の時代に，非常に精密な肉眼による天体観測を行なったことで有名である．その弟子であったヨハネス・ケプラー（J. Kepler）は，ティコの残した膨大な惑星の観測データを整理・検証した結果，惑星の軌道は円ではなく，楕円であるという結論に至った．これから提唱されたのが後にケプラーの法則と呼ばれる，惑星の運動に関する次の3つの法則である（図3・30）．

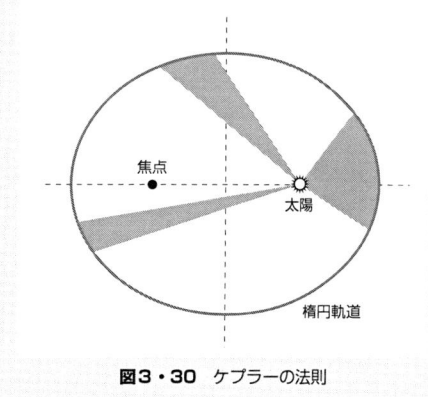

図3・30 ケプラーの法則

　第1法則：惑星は太陽を1つの焦点とする楕円軌道を公転する．

　第2法則：惑星は，太陽と惑星とを結ぶ線分が，単位時間に一定面積を描くように運動する．図3・30の扇形は，惑星が単位時間に描くもので，互いに面積が等しい（つまり，惑星は太陽に近い位置では速く，遠い位置ではゆっくりと軌道上を動くのである）．

　第3法則：太陽からの平均距離の3乗と，惑星の公転周期の2乗との比は，どの惑星においても一定である．惑星と太陽との平均距離をa（天文単位），惑星の公転周期をP（年）とすると，すべての惑星について$a^3/P^2=1$となる．

　ケプラーは，この法則をティコの火星観測のデータから導き出したが，火星軌道の長軸と短軸の違いはわずかに5%．そしてこれは，水星を除いては，惑星軌道の中でも最大の楕円率なのである．ケプラーのデータ処理能力も素晴らしいが，ティコの肉眼による天体観測能力もそれに勝るとも劣らない素晴らしいものだったと言えよう．

第3章

☕ Coffee Break 惑星の名前の由来は？

　惑星の名前にはどうして「水」「金」「火」などの字がついているのだろうか？　日本で使われている水星・金星・火星・木星・土星の呼び名は中国から伝わったもので，五行（ごぎょう）説にちなんでつけられたものと言われている．古代中国で生まれた五行説という思想は，天地間のすべては木・火・土・金・水の5つの要素でできていて，その消長，盛衰によって自然界や人間社会の現象が説明できるという考え方である．その頃にはすでに肉眼で見える惑星が5つあることが知られていたので，五行説の5つの要素をうまく当てはめたのかもしれない．日月と合わせて曜日の名前にもなっている．

　一方，天王星・海王星は，望遠鏡が発明された後に発見された惑星であるため，西洋で使われていた名前に由来している．西洋ではローマ神話の神々の名前がつけられ，天王星は天空の神ウラヌス，海王星は海の神ネプチューンとなった．これを中国語に訳した物が日本に伝えられたと言われている．

　最後に，惑星ではなくなったが，準惑星の代表である冥王星は，西洋で冥界の王プルートと名付けられたのに対して，日本人の野尻抱影が冥王星と命名した．

| お役立ちアイテム | ナノ太陽系 |

　身の回りの世界に比べて，宇宙はあまりにも広大無比だが，その事実を実感するのは難しい．ここでは太陽系を例にとって，宇宙のスケールを体感する模型を製作してみよう．具体的には，10億分の1に縮小した太陽系模型を作ってみよう．10億分の1のことを"ナノ（nano）"と呼ぶので，そのような縮尺模型を**ナノ太陽系**と命名する（縮尺率は10億分の1でなくてもいい）．
　用意するものは，模造紙（だいだい色），画用紙，カラー紙粘土，定規・ハサミなどである．
　作り方は以下の手順で行なう．

①スケールの計算
　『理科年表』などで，太陽と各惑星の実際の大きさと太陽からの距離を調べ，それぞれの値を10億分の1に計算して表にまとめる．パソコン上で表計算ソフトを扱える人は，これを使えば，かなり簡単に計算結果が得られるだろう．

②惑星の製作
　太陽は模造紙（だいだい色）で中心角90°の扇形を4枚作り，それらを円形に貼り合わせる．木星と土星は画用紙を円形に切る．水星（白色紙粘土），金星（黄色紙粘土），地球（青色紙粘土），火星（赤色紙粘土）を丸める．

③太陽系の製作
　作成した太陽と惑星を，計算した距離の値に合わせて配置する．太陽の位置を決めて，校舎の廊下や通路や教室など，いろいろな場所に惑星を配置する．

第 **4** 章

夜空に輝く星々の世界
── 星の明るさと星の色 ──

第4章

4.1 マイナス等級の星がある！？

　誰もが気がつくように，市街地では比較的明るい星しか見えないのに対し，街明かりのないところでは天の川を構成するような暗い星でも見ることができる．また，月は夜だけでなく，注意すると昼でも見ることができるが，同じ月でも昼と夜とでは，明るさがずいぶん違って見える．

　もともと同じ明るさの天体でも，天体以外の光により，その見え方は大きく変わる．市街地では街の夜空が明るいため，人工の光が邪魔になり，微かな星は見えなくなってしまう．また昼間でも星は光っているのだが，太陽の光が大気の分子や塵によって散乱されるため，散乱光が邪魔になり，通常，星は見ることができない．しかし，地球の大気圏外では，太陽の光を散乱する大気の分子や塵がないため，太陽の近くにも星が見える（図4・1）．

　季節によって見える星座や星々は異なる（1.3.1節，図4・2参照）．冬の星々を夏の夜に見ることはできない．冬の星々は夏の昼間に出ているからだ．しかし2009年7月22日の皆既日食では，水星や1等星のシリウスやリゲルが見られた．つまり，真夏の昼間に冬の星々が見えた．星は，昼夜に関係なく存在しているのである．

　本章では，星々の性質について紹介するが，まずこの4.1節では，星々の明るさの表わし方について説明していこう．

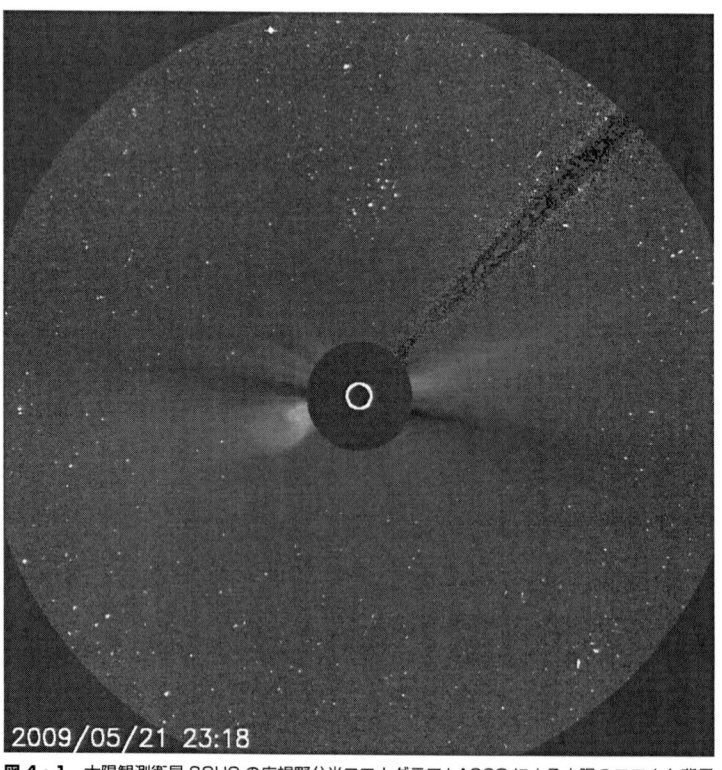

図4・1 太陽観測衛星 SOHO の広視野分光コロナグラフ LASCO による太陽のコロナと背景の星々（ESA & NASA）．太陽本体の光は遮蔽され，周囲の微弱な光がとらえられている．中心の白丸が，太陽（光球）であり，コロナが淡く見えている．太陽の北（上）にはプレアデス星団（すばる）が見えている．

夜空に輝く星々の世界 — 星の明るさと星の色 —

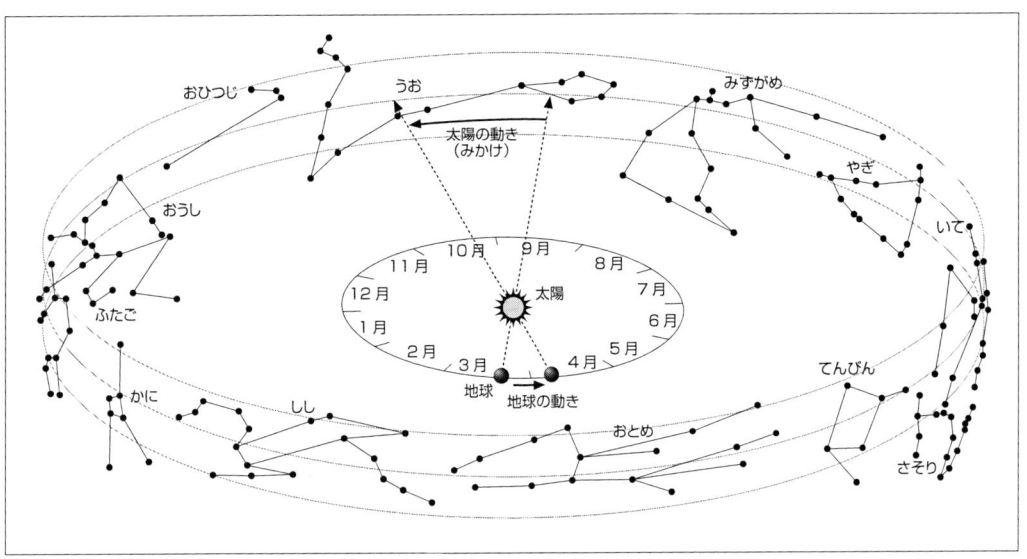

図4・2 黄道十二星座と太陽の位置関係

☕ Coffee Break きらきら瞬く星は？

　夜空の星を注意深く観察すると，星によって瞬き方が違うことがあるのに気がつくだろう．惑星，たとえば木星は，どっしりと，ほとんど瞬かずに光っている．これに対し，星座を形作っている恒星は，瞬いて見えることが多い．望遠鏡（第6章）で拡大してみると，惑星は大きさをもった円板のように見えるが，恒星は，通常の望遠鏡では，いくら倍率を上げても点にしか見えない．このため，恒星からの光の強さは，大気の揺らぎの影響を受けやすいが，惑星からの光の強さは，その影響を受けにくい．恒星と惑星の距離は，文字通り，けた違いに違うため（最も近い星でも惑星よりは10万倍以上も遠くにある），見かけの大きさが非常に異なり，それが瞬きの様子に影響するのだ．このようなことを想像しながら，恒星と惑星を見比べると，宇宙の広がりを実感できるかもしれない．

　ところで，「きらきら星（Twinkle, Little Star）」という童謡は，英語では，
　　"Twinkle, twinkle, little star, How I wonder what you are?"
　　（きらきら瞬く小さなお星さん，あなたは一体だあれ？）
と問いかけで始まるが，この答えはおわかりだろうか？天文学的には，ずばり「恒星」である．

第4章

4.1.1 星の明るさ

最初に,星の明るさを定量的に表わす方法について述べる.

星の明るさは伝統的に**等級**で表わす.また地上から見たときの等級は,後述する絶対等級と区別するために,特に**見かけの等級**という.

天文学は古い学問であり,等級の起源も紀元前までさかのぼることができる.もともとは紀元前150年頃,古代ギリシャの天文学者ヒッパルコス(Hipparchus)が全天で最も明るく見える星20個を選び出しこれを1等星,肉眼でどうにか見える明るさの星を6等星,としたのが始まりである.そしてその間を,肉眼の感覚に応じて,2等星から5等星に分割した.

その後,19世紀になって,イギリスの天文学者ポグソン(N.R. Pogson)により,1等星は6等星の100倍の明るさになるように等級が付けられた.すなわち100倍明るさが違うと5等級ほど等級が違うと,等級が定量的に定義づけされることになった.このことは,1等級変わると約2.512倍明るさが変わることを意味する.したがって,1等星より約2.5分の1倍の明るさならば2等星,1等星より約2.5倍の明るさならば0等星,という具合になる.明るさの感じ方や音の聞こえ方など人間の感覚の感じ方が,刺激に対して単純に比例するのではなく対数的になっているため,このような少し変わったスケールになっている.

しかし,このような等級の決め方では,実は相対的な等級差しか算出できない.どこかに等級の原点を決める必要があり,現在では,北極星野の9星を明るさの基準にしている.こうすると,こと座のベガが,0等級になる(図4・3).明るさの基準の星から地球へやってきている光の量は写真などで測定でき,等級を知りたい星からの光の量も測定できるので,それらの星の間の等級差が決まり,最終的に任意の星の等級が求まる(表4・1).具体的には,たとえば北極星

図4・3 こと座α星のベガ.この星は1等級よりも明るい0等級である(提供:藤井旭).

図4・4 おおいぬ座α星のシリウス.夜空に輝く恒星の中では最も明るいマイナス1.5等級である(提供:藤井旭).

表 4・1　代表的な明るい恒星の見かけの等級と絶対等級

星　名		見かけの等級	絶対等級	距離（光年）
固有名	バイエル名　注)			
シリウス	おおいぬ座α	−1.5	1.4	8.6
ベガ	こと座α	0.0	0.6	25
アークトゥルス	うしかい座α	0.0	−0.3	37
リゲル	オリオン座β	0.1	−7.0	863
カペラ	ぎょしゃ座α	0.1	−0.5	43
ベテルギウス	オリオン座α	0.4	−5.5	497
プロキオン	こいぬ座α	0.4	2.7	11
アルデバラン	おうし座α	0.8	−0.8	67
アルタイル	わし座α	0.8	2.2	17
アンタレス	さそり座α	1.0	−5.1	553
レグルス	しし座α	1.3	−0.6	79
フォーマルハウト	みなみのうお座α	1.2	1.8	25
カストル	ふたご座α	1.6	0.6	51
北極星	こぐま座α	2.0	−3.6	433
太陽	−	−26.8	4.8	1.58×10^{-5}

注）ヨハン・バイエルは 17 世紀，星座ごとに，恒星をギリシャ文字の小文字などを用いて表記した．原則として明るい恒星から順番に，α，β，γ，……が用いられ，たとえばこと座のベガは「こと座α」と表記される．この表わし方は，現在でも使われており，バイエル名（またはバイエル符号）と言われる．

は 2.0 等，アルタイルは 0.8 等などのようになる．

　ベガはかなり明るい星ではあるが，太陽や金星などのように，ベガより明るい星も天空には存在する．そして上記のような等級の決め方，すなわち明るい星ほど等級が小さくなる決め方だと，マイナス等級の星も存在することになる．たとえば，全天（太陽以外）で最も明るい星である，おおいぬ座 α 星のシリウスは − 1.5 等星だし（図 4・4），木星は − 2 等，満月は − 12.6 等，そして太陽は − 26.8 等にもなる．先ほどの 5 等級で明るさが 100 倍違うことから考えると，太陽はシリウスの約 100 億倍明るいということになる．

　等級を用いて，星の明るさを表わすことができたが，それでは，地球から明るく見える星は，本当に明るいのだろうか？　星には，距離が近いもの，遠いもの，いろいろあるだろう．距離が近ければ，本当はあまり明るくない星でも明るく見えてしまうのではないだろうか．太陽も恒星であるが，地球にとても近いので，太陽の見かけの等級は − 26.8 等級と，直視すると失明するほど明るい．しかし，太陽系から約 100 光年も離れて太陽を見ると，肉眼で見える 6 等よりも暗くなってしまう．

　このように，星の見かけの明るさは地球からの距離に大きく影響する．明るさは距離の 2 乗に

第4章

反比例しているからである．そこで，恒星本来の明るさを示すためには，すべての恒星を地球から同じ距離にある状態に換算して比べるのが適当だろう．そこで，恒星が32.6光年の距離にある場合の等級を考えることにした．これを見かけの等級に対して**絶対等級**という（図4・5）．なお32.6光年は，ずいぶん中途半端な距離のようだが，パーセク※という別の単位で表わすと10パーセクである．

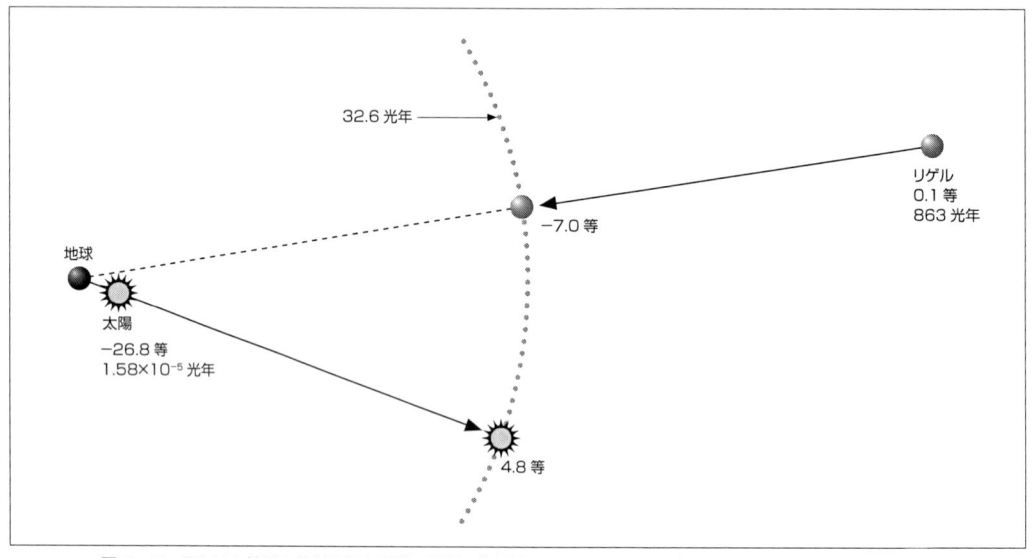

図4・5 見かけの等級と絶対等級と距離の関係．絶対等級は恒星が32.6光年の距離にある場合の等級である．

たとえば地球に最も近い恒星である太陽の絶対等級は4.8等級である．オリオン座のリゲルは0.1等星であり，地球からの距離は863光年であるため，その絶対等級は－7.0等級となる．つまり，太陽とリゲルの絶対等級の差は11.8等であり，恒星の真の明るさで比べると，リゲルが太陽より約52000倍明るいことになる（表4・1）．

他の1等星の絶対等級と比べても，太陽の絶対等級は，それほど明るくはない．しかしながら，この"太陽はそれほど明るくはない"という特性のため，太陽は約100億年間と，比較的長く輝くことができる（4.3節参照）．

※ 1pc（パーセク）＝ 3.26光年

COLUMN

等級を計算する

等級の定義を正確に表わすと，m 等星と n 等星の 2 つの星の等級差と光量の関係は，

$$m - n = 2.5 \times \log (n\text{ 等星の光量} / m\text{ 等星の光量})$$

という式で表わされる．この定義に従えば，x 等級の差は $10^{x/2.5}$ 倍の明るさの違いに相当する．すなわち，本文でも述べたように，1 等級の差は $10^{1/2.5} \sim 2.51$ 倍，2 等級差は $10^{2/2.5} \sim 6.31$ 倍，3 等級差は $10^{3/2.5} \sim 15.85$ 倍となる．

右辺にいろいろな比を当てはめて計算するとわかるように，左辺（等級差）は必ずしも整数にはならない．星からやってくる光の量は，等級の差が整数になるようにうまくできているわけではない，ということは直感的にもわかるだろう．その結果，たとえば 1.5 等級や，3.7 等級といったように，中間的な明るさを正確に表わすことができる．

さらに，ある天体の，見かけの等級 m と絶対等級 M と距離 r の間の関係は，

$$m - M = 5 \log (r) - 5$$

の式で表わされる．ただしここで，距離 r は 3.26 光年を単位して測ったものである．この式を使って，太陽やシリウスやアルタイルの絶対等級を求めてみよう．

第4章

☕ Coffee Break　星間を伝わる星の光も夕焼け効果を受ける

　天空高くにかかる日中の太陽は肉眼で直視できないくらい明るいが，日の出や日の入り時には太陽は赤くなり肉眼で直視することもできる．その原因は，第2章でも述べたように，太陽の光が大気中を通過する際に散乱されてしまいトータルの光量が減ること（**減光**）と，特にレイリー散乱で青い光が重点的に散乱されるため赤い光が残ること（**赤化**(せきか)）である．星の等級という観点からみれば，日中の太陽と夕日とでは見かけの等級が異なることを意味している．また次に述べる星の色という観点からは，日中の太陽より夕日の方が赤くなることを意味している．実は似たような現象が，宇宙のかなたの星々の光にも生じているのだ．

　しばしば宇宙空間は真空だといわれる．確かに地球上に比べれば，ほとんど真空で何もないように思われるが，実際には宇宙空間は完全に真空ではなくガスや塵などが存在している．ガスは主として原子状態の水素ガスで，銀河系の円盤部（第5章）の平均的な星間空間では $1\,\mathrm{cm}^3$ に1個ぐらいの原子が存在している．また塵は炭素やケイ素などの固体微粒子が中心で，これもほんのわずかながらに存在している．塵の量は非常に微小なので太陽系空間程度の距離ではあまりたいしたことはないが，何光年にもわたる距離になると無視できない量になる．そしてこのチリによって，星々の光は散乱・吸収されてしまい，遠方の星ほど，より暗くなってしまうのだ．

　具体的には，銀河系内の空間では，平均的に3000光年ぐらい光が進むと，塵による減光の効果で，1等級ほど光は弱まる（これを**星間減光**と呼ぶ）．この程度はたいしたことはなさそうだが，1等級の減光となると，元の光の約2.5分の1になることで，半分以上の光が失われたことになり，決して小さくはない．

　ところで，星間空間を通る際に失われた星の光はどうなったのだろうか？　失われた星の光は，塵に吸収され，塵を温める効果をもたらし，さらに結果的には，温められた塵から赤外線として放射される．そして星間の塵から放射された赤外線を観測すると，塵の性質やさらには塵を温めたはずの星の光の情報などを得ることができるのだ．

4.1.2 星の明るさが変わる！？

晴れた夜に空を見上げると，夜空に輝く星々は，常に一定不変の明るさで光っているように思える．実際ほぼ一定の明るさで光っている星が多いものの，星々の中には明るさの変わる星もあって**変光星**と呼ばれている．変光星は，実際に星自体の明るさが変わっているものと，その他の原因によって観測される明るさが変わるものの，2つに分類ができる．

まず，星自体の明るさが変わる代表例としては，脈動変光星や，新星，超新星がある．

脈動変光星は，星自身が膨らんだり縮んだりすることで，明るさが変わる．これは，星の中心部で水素が燃えつきて，星の一生が終わりに近づいて不安定になったものと考えられている．このタイプの変光星で有名な天体は，くじら座の中で心臓部分に位置するミラである．ミラが変光星であることは1596年に発見された．ミラの直径は太陽の直径の約400倍であり，ミラは，赤色巨星（4.3.3節参照）である．

新星・超新星はあるとき星が輝き出して急に星が出現したように見えるから"新"とついているが，新しく生まれた星ではなく星の末期に起こる現象である．

新星は，星の表面で起こる爆発によって数日間で数千倍から数万倍以上に輝き，その後ゆるやかにもとの明るさに戻る星である．たとえば，1975年8月29日はくちょう座で発見された新星は，8月31日に1.8等になった．爆発前の星の等級は21等，現在は17等である．

超新星は，質量が太陽の約8倍以上の星が，その最期に中心の核融合が暴走し，星全体が大爆発して太陽の1億倍から100億倍程度の明るさになる現象である．最近では，1987年に大マゼラン雲に出現し，肉眼でもよく見えたそうである（図4・6）．

一方，星全体の明るさは変わらないが，星が隠される**食**によって明るさが変わって観測される星を**食変光星**という．太陽はたまたま単独の恒星だが，恒星の中には2つあるい

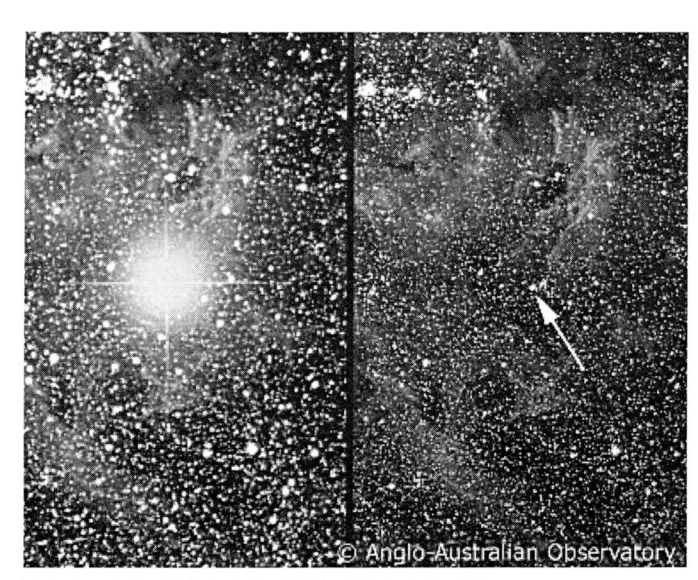

図4・6 大マゼラン雲で起こった超新星 SN1987A(AAO)．
左：爆発（1987年2月23日）から10日後，
右：爆発前の写真

第4章

はそれ以上の星がお互いの重力で引き寄せ合い，お互いの周りを回っているものもあり，**連星**と呼ばれる．これらの連星で，その公転の軌道面が地球から観測したときにほぼ視線に平行な場合（すなわち軌道面を真横から見ている場合），一方の星が別の星の前面や後面を通過すると，観測される明るさが変わる（図4・7）．これが食変光星である．有名な食変光星としては，ペルセウス座のアルゴルがある．

　以上のように，"星の明るさ"は，星自体の明るさと地球から星までの距離だけで決まるとは限らず，星の様々な活動によって，星の明るさが本当に変わったり，見かけ上変わったりする．星の明るさの観点だけで見ても，星は様々な姿を見せてくれる．

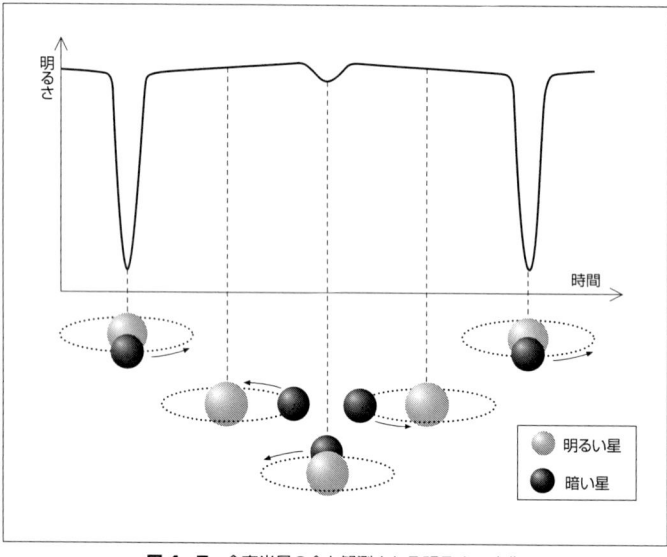

図4・7　食変光星の食と観測される明るさの変化

全天の恒星の数

よく「星の数ほど」という言い方をすることがある．非常に数が多い時の例えで使われる．確かに，空気の澄んだ場所で晴れた夜に見える星の数は"無数"にあるように思える．しかし実際にはどれくらいの数の星が見えているのだろうか．本当に星の数は多いのだろうか？

明るい星々はすべてリストアップされていて，肉眼で見える限界の6等よりも明るい星は，全天で数えてみると1万個にも達せず9000個程度しかない．意外に少ないのである．しかも夜に見えているのは全天の半分だから，よくよく条件がよくても数千個程度だろう．到底，"星の数ほど"と形容される多さとは思えない．だから「星の数ほど」という言い方は，ちょっと大げさすぎるように思う．

もっとも，肉眼では見えないような暗い星まで含めると，星の数は「星の数ほど」多くなっていく．たとえば，肉眼でぎりぎり見える6等星より100倍暗い11等星までだと約140万個，さらに100倍暗い16等星までだと約1200万個，そしてさらに100倍暗い21等星までだと30億個ほどあると勘定されている．この21等星（肉眼で見える6等星の明るさの100万分の1の明るさの星）は，仮に口径8mのすばる望遠鏡を使って星を眺めることができたとしたら，理論的に見える限界の星である．ここまで来ると，「星の数ほど」多いかもしれない．とは言っても，これらの星々を地上の人間に1つずつ配分することを考えてみると，現在の地球の人口は約68億人であり，この数は世界人口よりも少ないため，残念ながら，1人に1つずつの星を配分することはできない．

しかし宇宙は広い．私たちの太陽系が含まれる銀河系には約2000億個の恒星があると推定されている．さらに銀河系の外にある銀河は1000億個ぐらいあるだろうと思われているので，それら銀河に含まれる星の数はもっと多くなる．だから，宇宙全体まで入れれば，一人いくつもの星を割り当てることは可能だが，どこにあるか見えないような星を配分されても，あまり嬉しくはないような気がする．

さてこう考えると，星の数は多いのだろうか，それとも少ないのだろうか？

第4章

4.2 緑色の星がない理由

夜空の明るい星を注意深く見比べると，赤っぽい星や白い星など，星によっては色が違うことに気づくだろう．たとえば，冬の代表的な星座であるオリオン座（図1・11）の左上に輝くベテルギウスは赤味をおび，右下に輝くリゲルは青白く輝いているなど，1つの星座についても様々な色の星を見ることができる．星は地球から最も近いものでも光の速さで4年以上かかるほど遠い場所にあり，手に取って調べることはできないが，星の色やスペクトルなどを調べることによって，私たちは星についての多くの情報を知ることができる．この節では星の色の性質についてまとめておきたい．ところで，星の色といっても，どのような色でもあるわけではない．緑色の星を見たことがあるだろうか？そのような話についても紹介したい．

4.2.1 光のスペクトルとは

星の色を考える前に，光の性質をおさらいしておこう．光は波と粒子の性質を同時にもつが，光を波としてみた場合，電場と磁場からなる**電磁波**の一種ととらえることができる．波の山から山（あるいは谷から谷）までの長さを**波長**というが，電磁波は波長の長短によって性質が大きく変わる．日常的に使う「光」とは，電磁波の中でも**可視光**と呼ばれるもので，波長にして380nm～780nmに該当する．この範囲の光は，肉眼ではいわゆる虹の七色に感じられ，波長の長い方から，赤・だいだい・黄・緑・青・藍・紫と並ぶ．この光を色に分解したものを**スペクトル**と呼ぶ（図4・8）．

さらに，可視光より波長の短い，あるいは長いところにも電磁波は存在している（図4・8）．たとえば，日焼けの原因になる**紫外線**は波長が380nmより短い電磁波であり，さらに波長が短い電磁波は**X線**や**ガンマ線**と呼ばれる．あるいは，ヒーターで使われる**赤外線**は可視光より波長の長

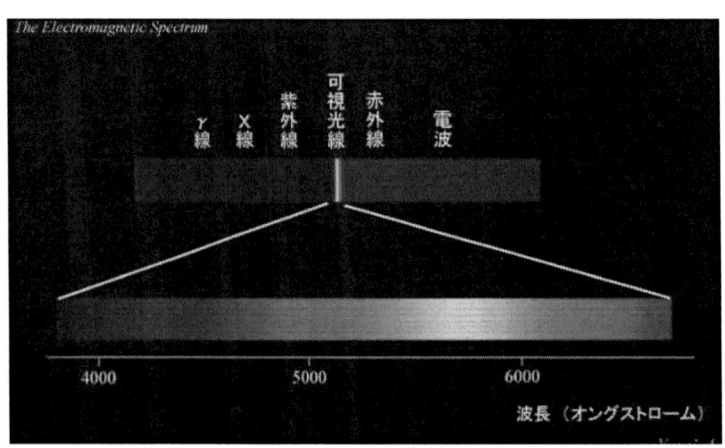

図4・8 可視光スペクトルと電磁波スペクトル（粟野諭美他『宇宙スペクトル博物館』）可視光スペクトルは右側から赤・だいだい・黄・緑・青・藍・紫となっている．「カバー裏カラー写真」参照．

い電磁波で，携帯やテレビの**電波**はさらに波長が長い電磁波である．これらは，いずれも目には見えない．そのため普段の生活では，光と電波などはほとんど別物としか思えないが，本質的にはいずれも同じ電磁波であることに変わりはなく，波長が異なるだけで様々な性質の違いが生じる．

このようなスペクトルには，その特徴から，連続スペクトルと線スペクトルがある．

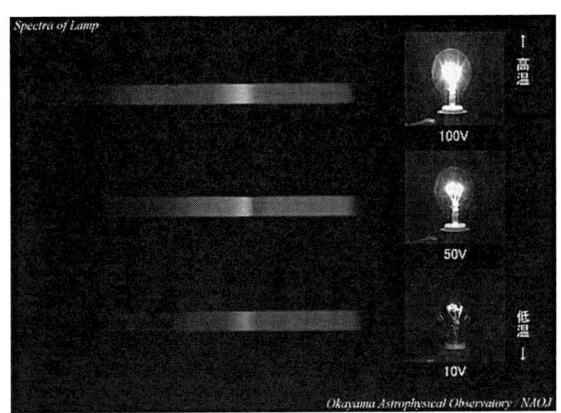

図4・9 白熱電球のスペクトル（岡山天体物理観測所＆粟野諭美他『宇宙スペクトル博物館』）．スペクトルは右側が赤で左側が青．電流を強くすると，白熱電球が明るくなると同時に，青い光が強くなる．「カバー裏カラー写真」参照．

白熱電球のように，白熱した金属から放たれる光をスペクトルに分解すると連続した光の帯が見える（図4・9）．このようなスペクトルを**連続スペクトル**という．この連続スペクトルは，黒体放射（コラムP90参照）で表わされる場合が多く，物体の温度によりそのスペクトルの様子は決まる．たとえば，電熱線に電流を流すと，電熱線が次第に赤くなり，温度が上がるにつれて白っぽくなってくる．これは物体から放射される光の色が，物体の表面温度によって変わるためである．

太陽のような星の光もスペクトルに分解すると連続スペクトルが見られ（4.2.3節参照）．逆に言えば，<u>太陽を代表とする星の光はいろいろな色の光が混ざったものといえる</u>．

一方，連続スペクトルの光をナトリウムガスの中に通すと，スペクトルの中で589.0 nmと589.6 nmの位置に**暗線**が生じる．この暗線はもともとの光の中で特定の波長の光をナトリウム原子が吸収して生じたもので，その性質から**吸収線**ともい

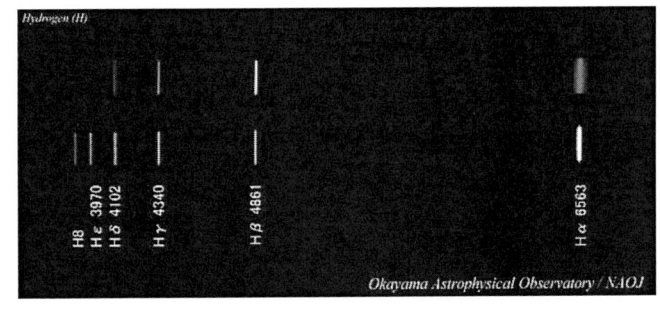

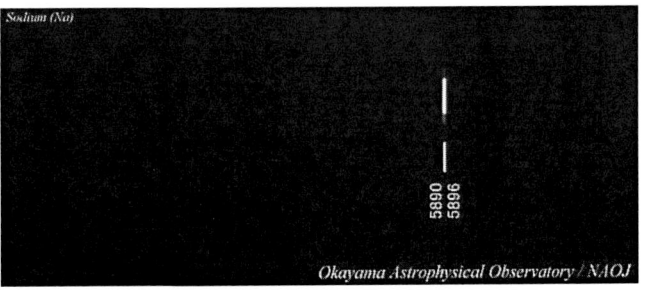

図4・10 水素の輝線とナトリウムの輝線（岡山天体物理観測所＆粟野諭美他『宇宙スペクトル博物館』）

COLUMN

黒体放射とステファン・ボルツマンの法則

すべての波長の放射を完全に吸収する理想的な物体を完全黒体または**黒体**という．黒体は温められた自分自身の温度に応じて，連続スペクトルを放射する．そして黒体の放射するスペクトルの性質は物質の種類などには無関係に黒体の温度だけで決まる．この温度のみによって定まるスペクトルを**黒体放射（熱放射）**という（図4・11）．身近なものでは白熱電球のフィラメントなど熱せられた物質が出す放射がだいたい黒体放射になっている．また太陽のような高温のガス体からの放射も黒体放射に近い．星のスペクトルも黒体放射に近い．

このような黒体放射をする物体の表面の単位面積から単位時間に放射される光の強度分布は，**黒体放射分布**とか，最初にその分布を導いたプランク（M. Planck）の名をとって**プランク分布**と呼ばれる．プランク分布の特徴として，以下の2つを挙げておこう．

まず低温では波長の長い（赤い）光を全体として弱く放射するが，高温になるにつれピークの波長は短くなる．これは**ウィーンの変位則**と呼ばれ，ピークの波長 λ（nm 単位）は温度 T（K 単位）に対して，

$$\lambda T = 2.90 \times 10^6$$

という式で求めることができる．

また，全波長で放射される全放射強度は温度の4乗に比例して増大する．この性質は**ステファン・ボルツマンの法則**と呼ばれる．

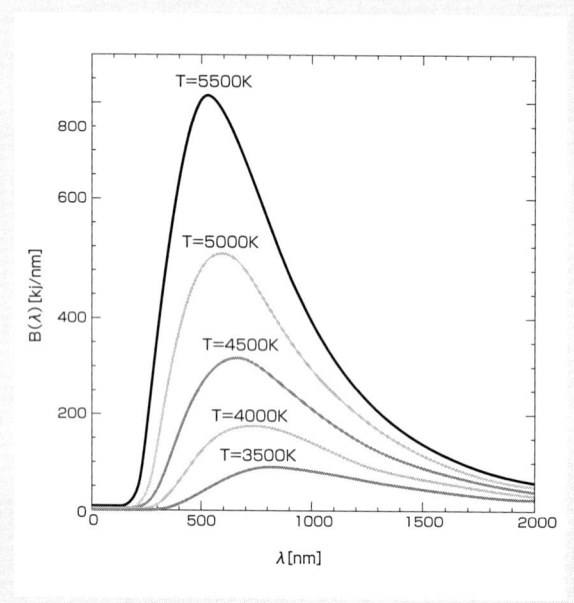

図4・11 黒体放射スペクトル黒体放射

われる．光がいろいろな元素を含むガスを通過するとき，ある特定の元素はその元素に特有の波長の電磁波を吸収するのである（ナトリウムの場合は 589.0 nm と 589.6 nm）．このことから，吸収線の波長を調べれば，どんな元素が存在するかを突き止めることができる．

また，ナトリウムガスを熱してみると，吸収線が見られた波長のところのみが明るくなる．このようなスペクトルを**輝線**という（図 4・10）．輝線と吸収線を合わせて**線スペクトル**という．

4.2.2 太陽のフラウンホーファー線

次に，具体的に天体のスペクトルについて考えてみよう．たとえば，太陽の光をスペクトルに分解すると，全体としては虹の七色，すなわち連続スペクトルになる（図 4・12）．では，虹を拡大してもっと詳細に見たらどう見えるだろうか？

太陽の光をはじめてスペクトルに分けたのは 17 世紀のニュートン（S. I. Newton）だったが，太陽光のスペクトルを詳細に調べてスペクトル中に暗線があることに気づいた（1802 年）のはウォラストン（W. H. Wollaston）だ．その後，ドイツの物理学者フラウンホーファー（J. Fraunhofer）が，太陽スペクトル中の 600 本くらいの暗線を記録し系統的に調べた（1814 年）ので，今日，太陽のスペクトルに見られる暗線を**フラウンホーファー線**と呼んでいる．彼はまた，その主なものに赤い方から紫にかけて，A，B，C，D…のようにアルファベットをつけたが，この命名は今日でも使用されることがある（図 4・13）．

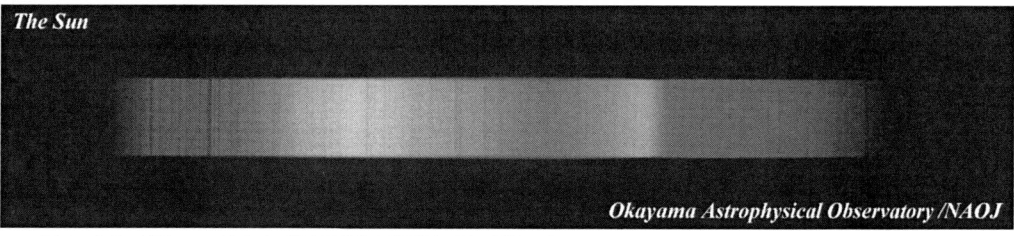

図 4・12 太陽のスペクトル（岡山天体物理観測所＆粟野諭美他『宇宙スペクトル博物館』）．「カバー裏カラー写真」参照．

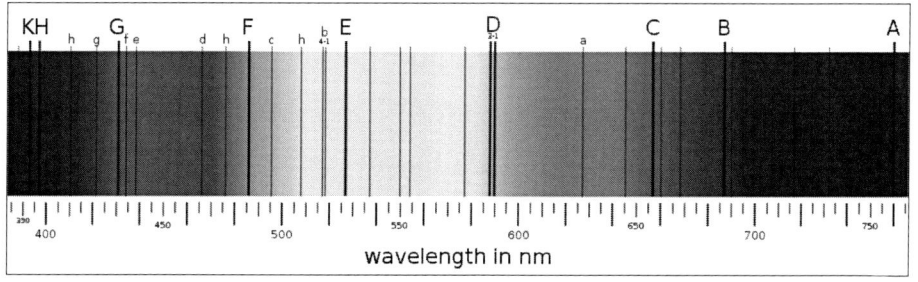

図 4・13 太陽光のフラウンホーファー線（http://en.wikipedia.org/wiki/File:Fraunhofer_lines.svg）．「カバー裏カラー写真」参照．

第4章

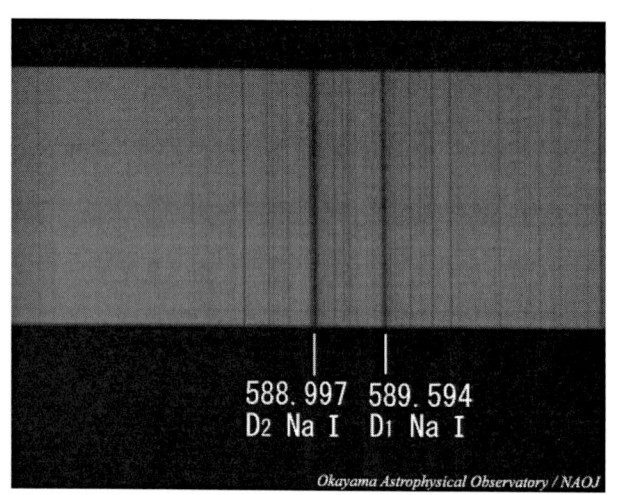

図4・14 ナトリウムD線（岡山天体物理観測所＆粟野諭美他『宇宙スペクトル博物館』）

現在では太陽スペクトル中に数万本のフラウンホーファー線が認められている．この暗線の波長を調べるとどのようなガスを通過してきたかわかる．たとえば，フラウンホーファー線のD線の波長はナトリウムの吸収線の波長と一致する（図4・14）．これから，太陽大気にナトリウムガスが含まれることがわかる．このように，太陽光線のスペクトルの暗線の波長や，さらにその強度を調べることによって，太陽大気（太陽表面付近）の元素組成は，原子数で水素が約92％，ヘリウムが約8％で，その他の元素は合わせて約0.1％と推定されている．

太陽のスペクトルと同様に，星のスペクトルにも吸収線がある．ただし，星の光は太陽よりもはるかに弱いので，大きな望遠鏡で光を集める必要がある．後述するように，星のスペクトルの特徴から星は様々なタイプに分類できる．

4.2.3 恒星の色と表面温度

ではここで，星の色を考えてみよう．

細かな吸収線を除くと，星の光は黒体放射に近いことが多い．黒体放射では，温度が高くなるにしたがって，青い光を大量に放射するようになり，また光の強度も高くなるという性質がある（コラムP90参照）．たとえば鉄などを熱したとき，温度が低い間は赤黒い光を出しているが，温度が高くなると黄色みを帯び，さらに高温になると白熱してくる．恒星の場合も同様で，温度が低い星は赤い色の光が多く，温度が高くなると黄色の光やさらには青色の光が強くなっていく．黒体放射のスペクトルはピークをもっているが，温度が高くなるにしたがいピークの波長が青い方にずれていくのだ．つまり，恒星の表面温度によって恒星スペクトルのどの波長の光が最も輝くか決まっている．そして表面温度の高い恒星ほど波長の短い光を強く出すため，表面温度が低い星（たとえばベテルギウス）は赤っぽく，表面温度が高い星（たとえばリゲル）は青っぽく見えることになる（図4・15）．星の色は主として星の表面温度によって決まっているのである．

ここで改めて，太陽と同じような表面温度をもつ星の色を考えてみよう．

たとえば，表面温度が6000Kくらいのぎょしゃ座のカペラや5700Kくらいの太陽は，黒体放射の性質（コラムP90参照）を考えると，緑色の光（波長が約500nmの光）を最も強く出していることになる．しかし，私たちの眼には，太陽は緑色には見えない．太陽の光は白色光とも呼ばれる無色の光だ．これはなぜだろうか？

先ほども述べたように，星の色は表面温度の違いによって異なる．そのため，表面温度の違いによって星のスペクトル全体の形も異なる．黒体放射のスペクトルはピークをもったスペクトルであるが，ピークの波長以外の光も含まれている．太陽の場合は，緑色の光以外に他の色の光も含まれている．そして地球上で進化したヒトの眼には，これらの様々な波長の光が混ざり合って見えており，それを<u>自然な太陽の光を無色（白色光）として感じるようになった</u>のである．

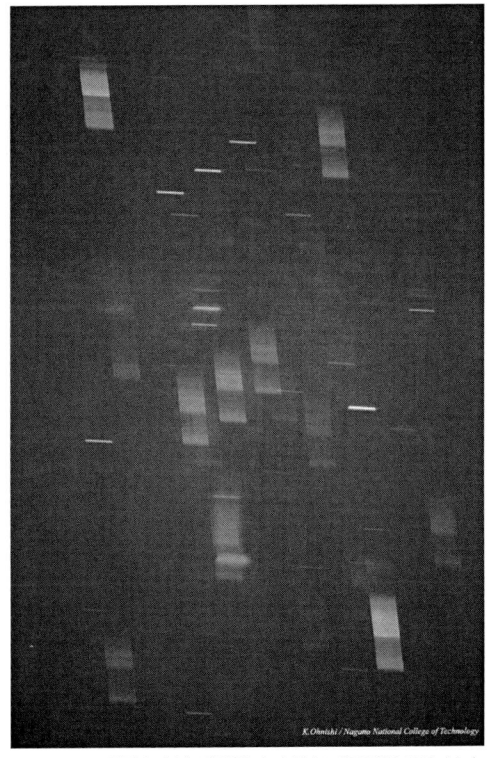

図4・15 特殊な方法で撮影したオリオン座の星々のスペクトル（提供：大西浩次）「カバー裏カラー写真」参照

COLUMN

本当は複雑な星の色

　星の色の見え方は，ヒトの眼の構造も関係している．ヒトの網膜には光を受容する2種類の視細胞が分布していて，主として暗所での光を受光する**桿体細胞**と主として色を識別する**錐体細胞**がある．色を識別する錐体細胞には，青色（430nm付近），緑色（530nm付近），赤色（560nm付近）のそれぞれの光に感度がある3種類のもの（S錐体，M錐体，L錐体）がある．この3種類の錐体細胞によって，ヒトは400〜700nmの波長の光を受容し，3種類の錐体細胞で起こる興奮の割合を脳で総合的に判断して色を認識している．

　図4・16を参考に考えると，たとえば，波長が650nmの赤い光に対しては，L錐体が他の2つに比べて強く反応することがわかる．また，波長が500nmの緑色の光に対しては，M錐体が他の2つに比べて強く反応することもわかる．では，赤と緑の光が同時に入射した場合は，どうなるだろう？

　ヒトの眼は，異なる波長の光が同時に入射すると，錐体細胞の反応の組み合わせが等しくなる波長の光と同一の色に見える．つまり，波長650nmの赤と500nmの緑の光が同時に入射すると，それぞれの効果が重ね合わされ，L錐体が相対的に強く，M錐体が弱いという反応の組み合わせとなる．この組み合わせは，波長が約600nmの黄色の光が入射するときの組み合わせと同じになる．よって，実際には赤と緑の2種類の光が入射していても，ヒトの眼には黄色に見えるということになる．

　青い星や赤い星もそれぞれ青色，赤色以外の光も出しているが，比較的弱くヒトにはあまり感知されない．これに対して，緑色が強い星の場合は赤色も比較的強くなり，結果的に黄色に見えるのである．

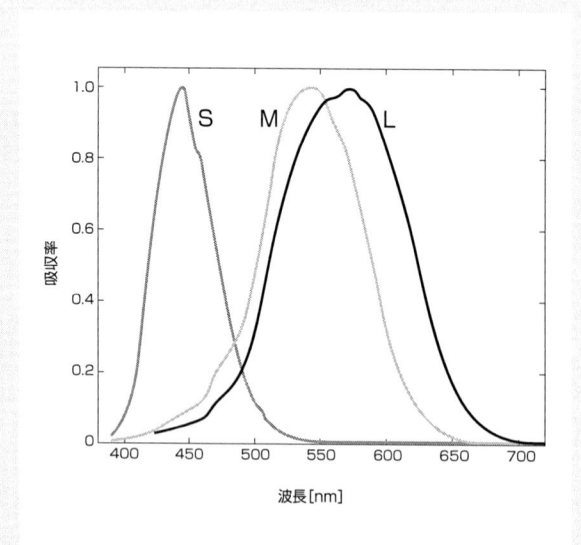

図4・16 錐体細胞と光の吸収率の関係．光の吸収が多いと，反応の程度も大きい．（http://en.wikipedia.org/wiki/File:Cones_SMJ2_E.svg）

緑色に"見える"星

　本文では緑色の星はないと書いた．一方で，文献の中には"緑色"と記された星も存在する．いろいろな人の研究から，"緑色"と記された星は，しばしば星が2つ並んで見える二重星の場合に多いようだ．ある研究では，いろいろな文献で緑色と記された星45個のうち40個が二重星であり，そのうちの30個が二重星の伴星であった．しかも，これらの二重星では，主星のスペクトル型は赤っぽいK型やM型が多く，緑色の伴星のスペクトル型はA型やB型が多い．このため，"緑色"は主星の赤色が原因ではないかと考えられている．

　ヒトの眼には，並び方や組み合わせに応じて，物体の形や大きさや色が違って見えることがあり，一般に**錯視**と呼ばれている．その錯視の一種として，明るく赤い主星の近くに，暗く白い伴星が並んでいるのを見ると，伴星は緑色がかって見えてしまうのだろう．赤と緑は**補色**の関係にある．その結果，赤くて明るい星があると，赤色に反応する錐体細胞の感度が低くなるため，伴星を見ても赤色の錐体細胞の反応が弱くなり，結果的に伴星が緑色に見える．つまり，ヒトの眼の構造や現象により"緑色"の星に見えると考えられるのである．緑色に見えると言われる星も二重星としてではなく，その星だけを見ると緑色には見えないはずである．

第4章

4.3 明るさと色から星々を分類してみよう

天体がどのような状態かを判断するのに重要なデータとなるのがスペクトルである．恒星のスペクトルは可視領域の吸収線の現われ方で分類される．現在では，吸収線の相対強度によって並べたスペクトル分類と，光度階級を加えたMK (Morgan-Keenan) 分類（MK分類）が使用される．

4.3.1 "色"で分類する

星のスペクトルに現われる吸収線の相対強度によって分類したものを**スペクトル分類**(Harvard分類) という．吸収線の現れ方は星の表面温度，つまり星の"色"（4．2節参照）と密接な関係があることがわかっている．そこで現在では，星のタイプ（**スペクトル型**）は，星の表面温度の高い順に並べて，

$$O-B-A-F-G-K-M-L-T$$

としている（図4・17，表4・2）．これらのスペクトル型のアルファベットの次に，それぞれ0～9のサブタイプの添え数が付けられる．この中で，L型とT型は，2000年頃から発見され，分類されてきている低温で暗い**褐色矮星**に相当する．特殊な恒星には，R型，N型，S型など分岐させたり，さらに添え字が付けられる場合がある．

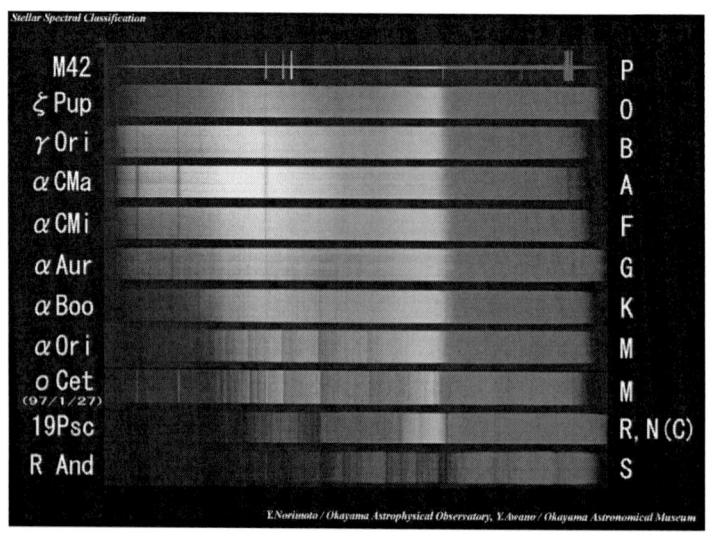

図4・17 主系列星のスペクトル（岡山天体物理観測所＆粟野諭美他『宇宙スペクトル博物館』）．「カバー裏カラー写真」参照．

表4・2　星のスペクトル分類

星のタイプ	表面温度	色	代表的な星
O型	3万K－5万K	青白	オリオン座θ1C星（オリオン星雲のトラペジウムの1つ）
B型	1万K－3万K	青白	おとめ座α星（スピカ）
A型	7500K－1万K	青白	おおいぬ座α星（シリウス）
F型	6000K－7500K	白	こぐま座α星（北極星）
G型	5300K－6000K	黄白	ぎょしゃ座α星（カペラ）
K型	4000K－5300K	橙	おうし座α星（アルデバラン）
M型	3000K－4000K	赤	さそり座α星（アンタレス）
L型	1300K－3000K	暗赤	
T型	1000K前後	暗赤	

4.3.2 "明るさ"で分類する

スペクトル型（温度系列）に加え，星の明るさを考慮した分類が**MK分類**である．MK分類では星の明るさを表わす指標として光度階級というものを用いる（表4・3）．この光度階級は星の大きさに対応づけられる．また光度階級は表面重力も表わしている．

表4・3　星の光度階級

光度階級	名　　前
0	極超巨星
I（Ia，Ib，Ic）	超巨星
II	輝巨星
III	巨星
IV	準巨星
V	矮星（主系列星）
VI	準矮星
VII	白色矮星

4.3.3 "明るさ"と"色"の2次元図で分類したHR図

自然界に存在するものは，鉱物にせよ生物にせよいろいろな種類があって，それぞれに分類されている．上で述べたように，恒星もスペクトル系列（温度系列）や光度階級（明るさ，大きさ）によって分類できる．しかし上記の説明だけではとてもわかりにくいだろう．もう少し視覚的な

第4章

ダイヤグラムにできないだろうか？

横軸に恒星のスペクトル型，縦軸に恒星の絶対等級をとり，そこに恒星のデータを配した相関図を**ヘルツシュプルング－ラッセル図（HR 図）**と呼ぶ（図4・18）．デンマークの天文学者アイナー・ヘルツシュプルング（Ejnar Hertzsprung）とアメリカの天文学者ヘンリー・ノリス・ラッセル（Henry Norris Russell）によって考案されたものである．

HR 図上では恒星はまんべんなく散らばっていない．恒星の分布は主に，図の左上から図の右下に延びる線上に帯状に分布する第1のグループと，第1のグループの中心付近から右上に分布する第2のグループ，第2のグループから水平に分布する第3のグループ，そして数は少ないが左下に集まった第4のグループに分けることができる．

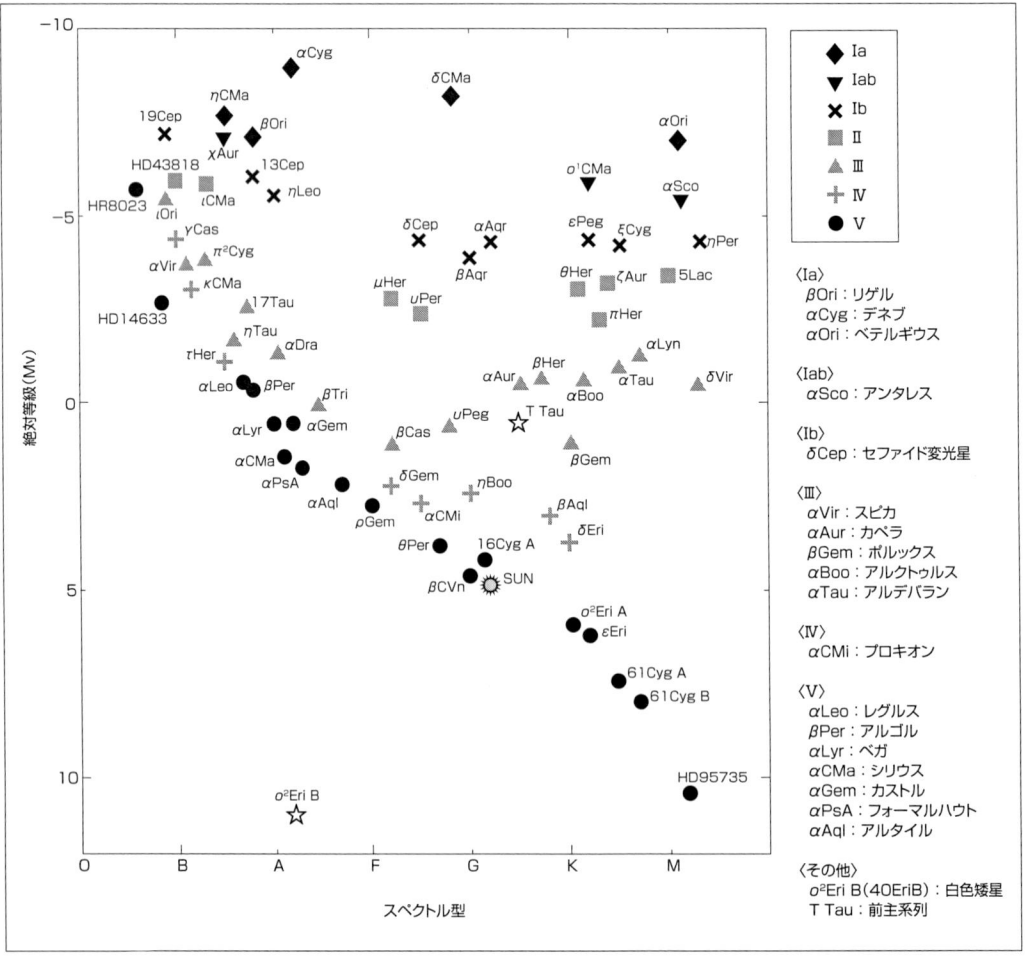

図4・18 ヘルツシュプルング・ラッセル図（HR 図）（大阪教育大学）

最も数の多い第1のグループは，**主系列**といい，ここに属する星を**主系列星**という．主系列星は，星の中心部で水素（H）をヘリウム（He）へ変換する核融合反応が起きていて，その核融合エネルギーで輝いている安定な状態の星である．質量の大きな主系列星ほど温度が高く光度が明るく，質量の小さな主系列星ほど低温で暗いため，HR図の上では左上から右下にかけて分布することになる．星の一生の間で，水素がヘリウムに変換する核融合反応期間が非常に長いために，多数の星を観測すると大部分は主系列に位置することになる．これは，街中の雑踏を眺めたときに，子どもや老人の姿よりも大人の姿が圧倒的に多いことと同じ理屈だ．なお，質量が大きいほど進化が速く進むため主系列星としての寿命は短い．すなわち，主系列の左上ほど質量が重く寿命の短い星ということになる．なお褐色矮星は，HR図では右下にあるはずだが，図4・18では表わされていない．褐色矮星は，質量が小さく（太陽質量の0.01倍から0.08倍程度），水素からヘリウムの核融合反応は起こっていない．

　HR図の上で右上の領域の星は，温度が低いにもかかわらず非常に明るい星（大きな星）であることから**赤色巨星**と呼ばれる．主系列の中央あたりから右上に延びる第2のグループは，ちょうど寿命がきて主系列星から赤色巨星へ進化しようとしている恒星である．主系列の左上に位置する質量の重い星から寿命がきて主系列星から赤色巨星へと変わっていき，HR図上では右の方へ移動していく．赤色巨星においては，星の中心部には，水素の核融合反応によってできたヘリウムの中心核があり，ヘリウム中心核のまわりで水素の核融合反応が起こってエネルギーが作られている．

　全体の約10％にあたる中心部の水素がヘリウムへと変換されつくされ，中心核の温度が，1億度に達すると，ヘリウムの燃焼（核融合反応）が開始する．ヘリウムが安定的に燃焼されている間は，明るさはあまり変化しないため，HR図上では水平に分布するグループが現われる．これが第3のグループで，水平分岐星という（ただし，図4・18では必ずしも明らかではない）．

　大質量星は超新星爆発により一生を終え，中心に超高密度天体である中性子星やブラックホール（コーヒーブレイクP116参照）を残すが，小質量星では赤色巨星でいる間に外層の大部分を吹き飛ばしてしまう．その結果，内部の高温中心核が露出し表面温度は上昇していくが，星の直径が小さくなるために絶対光度は暗くなり，HR図上を左下へ向かって移動する．これが第4のグループの**白色矮星**である．

　この節の最後に，まとめとして地球から見て明るい恒星（1等星）をまとめておこう（表4・4）．明るい恒星，特に1等星はどのような恒星だろうか．

第4章

表4・4　明るい恒星の分類

固有名	星名	スペクトル	色	見かけの等級	距離（光年）	種類
ベクルックス	みなみじゅうじ座β	B0.5 III	青白	1.3	279	巨星
ハダル	ケンタウルス座β	B1 III	青白	0.6	392	巨星
アクルックス	みなみじゅうじ座α	B1 V	青白	0.8	324	主系列星
スピカ	おとめ座α	B2 V	青白	1.0	250	主系列星
アケルナル	エリダヌス座α	B3 V	青白	0.5	140	主系列星
レグルス	しし座α	B7 V	青白	1.3	79	主系列星
リゲル	オリオン座α	B8 I	青白	0.1	863	超巨星
ベガ	こと座α	A0 V	白	0.0	25	主系列星
シリウス	おおいぬ座α	A1 V	白	－1.5	8.6	主系列星
デネブ	はくちょう座α	A2 I	白	1.3	1424	超巨星
フォーマルハウト	みなみのうお座α	A3 V	白	1.2	25	主系列星
アルタイル	わし座α	A7 V	白	0.8	17	主系列星
カノープス	りゅうこつ座α	F0 I	うす黄	－0.7	309	輝巨星
プロキオン	こいぬ座α	F5 V	うす黄	0.4	11	主系列星
リゲル・ケント	ケンタウルス座α	G2 V	黄	－0.3	4.1	主系列星
太陽		G2 V	黄	－26.8		主系列星
カペラ	ぎょしゃ座α	G5 III	黄	0.1	43	巨星
ポルックス	ふたご座β	K0 III	橙	1.1	34	巨星
アークトゥルス	うしかい座α	K2 III	橙	0.0	37	巨星
アルデバラン	おうし座α	K5 III	橙	0.8	67	巨星
アンタレス	さそり座α	M1.5 I	赤	1.0	553	超巨星
ベテルギウス	オリオン座α	M2 I	赤	0.4	497	超巨星

　表4・4を見てわかるように，K型やM型の主系列星（V）に分類される1等星はない．これは，温度の低いK型やM型の主系列星は，絶対等級が大きい（つまりもともと暗い）ためである．また，O型星がないのは，恒星の寿命がとび抜けて短く，M型星と同数の恒星が誕生したとしても同時に存在する個数は，はるかに少なくなるためである．

　<u>恒星の一生も人間と同じで，平凡に一生を終える星もあれば，太く短く生きる星も，細く長く生きる星もある</u>．

COLUMN

色指数

　本文ではスペクトル型を横軸にとった基本的な HR 図を説明したが，実際に，観測から多くの恒星のスペクトル型を特定するのは容易ではない．図 4・15 のように，同時に多数の恒星のスペクトルが得られる観測装置は限られており，多くのスペクトル観測では，一度の露光で恒星 1 つのスペクトルを得るのが普通である．また，暗い恒星のスペクトルを得るためには，より口径が大きな望遠鏡が必要になるので，スペクトルデータの取得はさらに大変になる．

　ところで，恒星のスペクトルは，4.3.1 節で述べたように，恒星の色を反映している．そこで，恒星のスペクトルを直接に得る代わりに，特定の色の光だけを透過するフィルターを用いて恒星を撮像し，異なる 2 つの色における恒星の明るさ（等級）を調べることで，恒星のスペクトル型に対応した**色指数**というものを求めることができる．色指数としてしばしば用いられるのは，肉眼で青色と認識される波長 440nm 帯の B フィルターを用いて得られた **B 等級**と，緑から黄色と認識される波長 550nm 帯の V フィルターで得られた **V 等級**の差（B − V）で表わされる **B − V 指数**である．

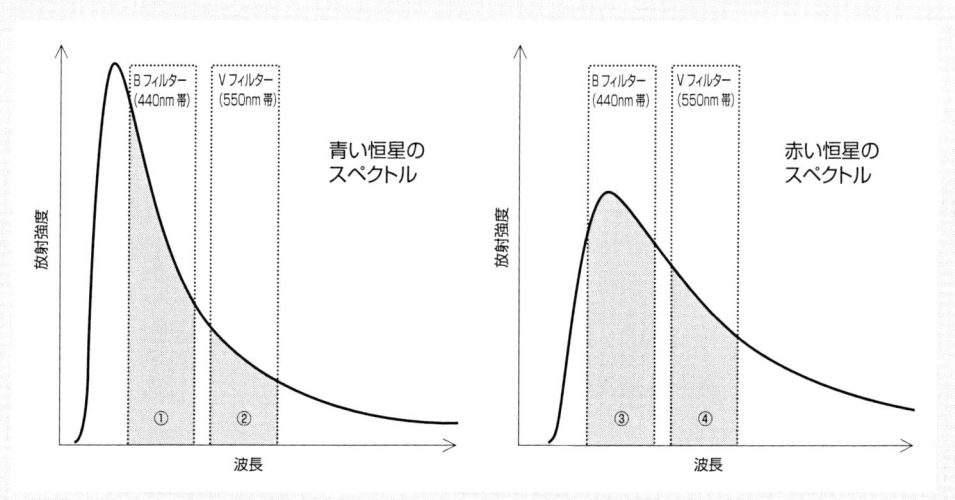

図 4・19 青い恒星（左）と赤い恒星（右）のスペクトルと，B フィルターおよび V フィルターで撮像される波長の範囲．それぞれのフィルターで取得される恒星スペクトルの部分を塗りつぶしてある．

　図 4・19 に，青い恒星と赤い恒星のスペクトルと，そこから B フィルターおよび V フィルターで透過される光量を ①，②，③，④ として，模式的に示した．

　図 4・19 から，青い恒星の B フィルターでの等級（B 等級）は $-2.5 \log$ ①，V フィ

COLUMN

ルターでの等級（V等級）は－2.5 log ②である．したがって色指数は，

$$B － V ＝ － 2.5 \log ① ＋ 2.5 \log ② ＝ － 2.5 \log (① / ②)$$

であり，つまり，

$$B － V ＝ － 2.5 \log (Bフィルターでの光量) / (Vフィルターでの光量)$$

となり，色指数とは異なる波長帯での光量の比を等級単位で表わした量であることがわかる．

同様に，赤い恒星では

$$B － V ＝ － 2.5 \log (③ / ④)$$

となるが，図4・19から明らかに（①/②）＞（③/④）であり，青く高温な恒星ほど色指数が小さく，反対に赤く低温の恒星ほど色指数が大きくなる（表4・5）．したがって，2つのフィルターによる天体写真を撮影することで，そこに写っているほぼすべての恒星の色指数が得られることになる．

なお，これらの式には，本来，光量と等級を結び付けるための**等級のゼロ点**または**ゼロ点等級**と呼ばれる定数が加算されるが，ここでは簡単のため省略した．この定数は，B－V指数については，A0型星（スピカなど）に対して，B－V＝0となるように決められる．

ちなみに主な恒星のB－V指数は，太陽が0.65，ベガが0.00，リゲルが－0.03，ベテルギウスが1.85である．

表4・5 スペクトル型と色指数（主系列星）

スペクトル型	B－V色指数	有効温度（K）
O 5	－ 0.3	45000
B 0	－ 0.3	29000
B 5	－ 0.16	15000
A 0	0.00	9600
A 5	＋ 0.15	8300
F 0	＋ 0.33	7200
F 5	＋ 0.45	6600
G 0	＋ 0.60	6000
G 5	＋ 0.68	5600
K 0	＋ 0.81	5300
K 5	＋ 1.15	4400
M 0	＋ 1.4	3900
M 5	＋ 1.6	3300

SFの星々

『スタートレック』という世界的に有名なSFがあるのをご存知の方も多いと思う．このSFでは，地球人よりはるかに進化した異星人で物語を通して中心的な役割をする，ヴァルカン星人という種族が登場する．このヴァルカン種族の母星は，エリダヌス座40番星Aの惑星と設定されている．では，実際のエリダヌス座40番星Aはどのような恒星だろうか．

エリダヌス座40番星（図4・20）は，地球からの距離が約16.4光年のところにあり，エリダヌス座40番星A，エリダヌス座40番星B，エリダヌス座40番星Cからなる3重連星で，A星のスペクトル型はK1Vでオレンジ色の主系列星，B星はA VIIの白色矮星，C星はM 4eVで赤色の主系列星である．

スタートレックの設定では**ヴァルカン星**はA星の惑星という設定なので，空を見上げたときに，自分自身の母星としてオレンジ色の太陽に加え，すぐ近くにある－8等の白いB星，－6等の赤いC星が見えることになる．

この恒星はウィルソン山天文台の「HKプロジェクト」の観測で，年齢は約40億歳ということがわかっている．この結果は，スタートレックの作者ジーン・ロッデンベリーとハーバード・スミソニアン天体物理学センターの3人の天文学者の連名で，アメリカの天文雑誌である『スカイ&テレスコープ』誌の1990年12月号に掲載されている．また，B星については1914年にラッセルが作成したHR図にも白色矮星として記入されていたようである．SFといってもここまでしっかりとした設定がされているものもある．

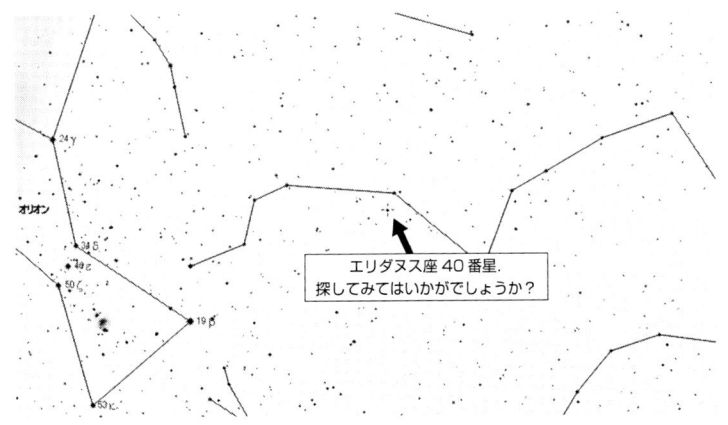

図4・20 エリダヌス座40番星．ステラナビゲーター ver.8による．

| お役立ちアイテム | ペーパー分光器 |

　光のスペクトルを実際に見てみようとしたら，プリズムや回折格子などを用いた専用の分光器が必要そうで，とても難しいように思える．しかし最近では安価な回折格子のフィルムなどが市販されていて，簡単な工作で分光器を手作りすることができる．ここではそのような簡易タイプの**手作り分光器－ペーパー分光器**の作り方を紹介しよう（図4・21，図4・22）．

　事前に準備する材料は，分光器の展開図，工作用紙（外枠が318mm×450mmで35cm×40cmの範囲に1cmの罫線が引いてあるものが使いやすい），黒紙，のり，セロテープ，ハサミ，カッター，そして回折格子フィルム（グレーティングフィルム）である．回折格子フィルムは通販で取り寄せられ，15cm四方ぐらいのシートが3枚で2千円ほどするが，1.5cm四方ないし2cm四方ぐらいのサイズに小さく切って使うので何十個分も取ることができる．

　また作成したペーパー分光器で実験するためには，白熱電球，蛍光灯，ガスバーナー，アルコールランプ，元素の放電管，炎色反応キットなど，さまざまな光源を用意しておくといい．

　作り方は，以下の手順で作業を行なう．

　　①分光器の展開図をコピーし工作用紙に貼る（工作用紙を半分に切るとちょうどいい）．
　　②展開図に従って切り取る．
　　③切り取った展開図の裏面に黒紙を貼る（黒く塗ってもよい）．
　　④スリットとのぞき窓をカッターで切り取る（切り口はできるだけきれいに切り取る）．
　　⑤のぞき窓に回折格子フィルムを貼る（回折格子フィルムの縦横に注意）．
　　⑥組み立てて完成（隙間から光が入らないように，きちんと組み立てる）．

　特に注意する点として，回折格子フィルムの取り扱いがある．回折格子フィルムには，肉眼ではわからないが，細かい溝がたくさん刻んである．のぞき窓に合うサイズにフィルムを切り取ったものを不用意に手で触ると，指紋などが付いて役に立たなくなるので，フィルムの角などを摘むようにしないといけない．またのぞき窓に貼るときには，縦横を間違えると分光できなくなる．そこで，ひとまずセロテープなどで1ヵ所を仮止めし分光器を仮組みして，実際にスペクトルが見えるかどうか確認してから，本止めと本組みを行なう．

図4・21 ペーパー分光器の完成品（左）と蛍光灯を見ている様子（右）

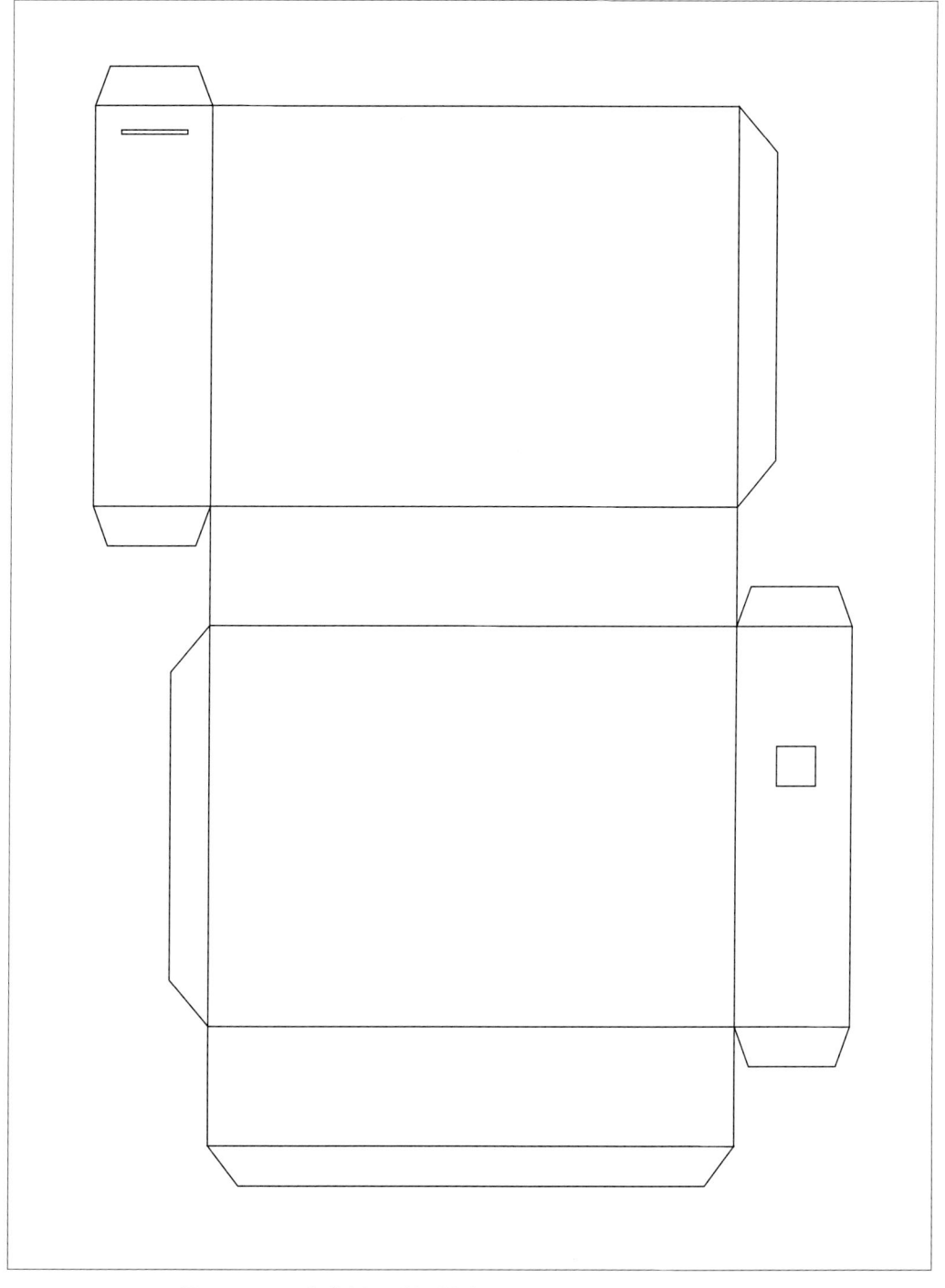

図 4・22 ペーパー分光器の型紙. 縦横高さは 13.5cm × 10cm × 3cm とする.

第 5 章

宇宙は 137 億歳
— われわれの住まう宇宙 —

第 5 章

5.1 天体の階層構造

　天文学の教科書ではしばしば「宇宙では天体が階層構造をもって分布している」と書いてある．すなわち，低い階層から順に，地球のような惑星や月のような衛星たち，太陽，太陽系，太陽のような多くの恒星，恒星が多数集まった銀河系や銀河，銀河の集団で小規模な銀河群や大規模な銀河団，銀河団や銀河群が群れた超銀河団，超銀河団が網状構造的に分布した宇宙の大規模構造，そして最後が宇宙全体だ（図5・1）．ただ，こうやって名前を連ねるだけではあまりピンと来ないと思うので，ここでは，見上げた空，そのときに使う星図，そしてみなさんのこれまでの経験をもとに，天体の階層構造を考える方法をお伝えしようと思う．大宇宙の空間的な広がりを感じていただきたい．

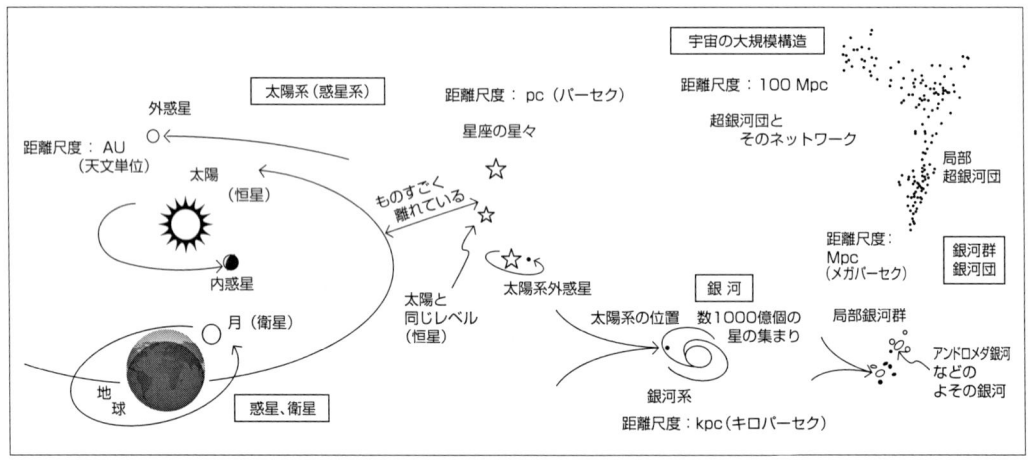

図5・1　現代的な描像における天体の階層構造の"完成予想図". 1pc（パーセク）=3.26 光年, 1kpc（キロパーセク）=3260 光年.

　まず，空を見上げて見えるものは何だろうか，思い出してみよう．雲より上のものだけを考え，流れ星と人工衛星は除いて考えよう．そうすると，①太陽，②月，③惑星，④星座の星々（天の川を含む），などが思い浮かぶだろう（図5・2）．

　まず，これらすべてが例外なく東から昇って南中して西に沈むことを思い出してほしい（第1章参照）．北極星近くの星は周極星になるが，周極星の軌跡が地平線を横切らないだけであって，東から昇って西に沈むことと統一的に考えることができる．この日周運動は，地球の自転が原因だった．宇宙空間に存在する天体は固定されているものではないので，それぞれに固有の運動があるだろう．しかしそれらの固有の運動を振り切るぐらいに，地球の自転の影響の方が大きく現われているということになる．そこで，頭の中でこの日周運動を止めたとして，①−④の動きを

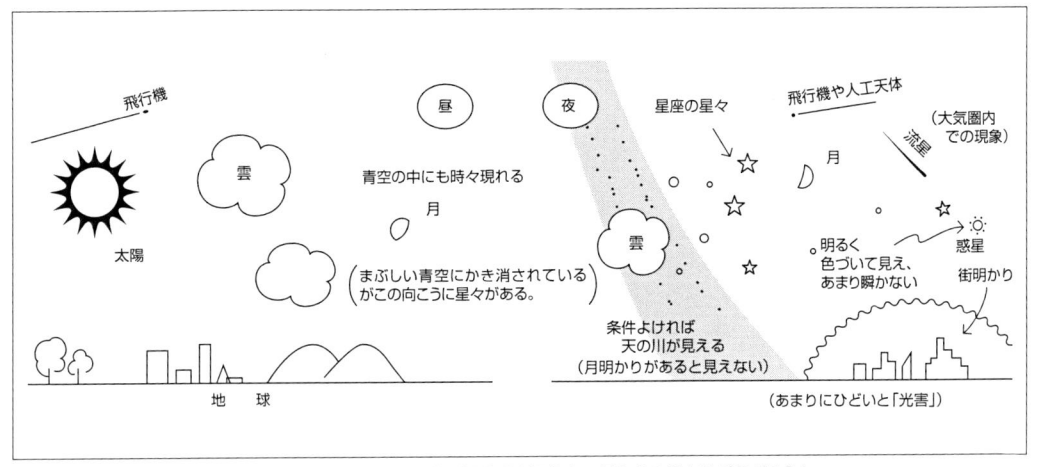

図 5・2 空を見上げると，何が見えるだろうか．それらの動きはどうだろうか．

考え直してみよう．

　先の①−④の中で，基準となるのは④の星座の星々である．というのも，星座の形は1年を通して変わらないが，①−③は④を背景に動きまわるからだ（第1，2，3章参照）．これは，①−③の天体が，④よりも近くにある天体である，ということを示唆している．新幹線などに乗っていて車窓の景色を眺めているとき，遠くの山々はあまり動かないように見えるけど，近くの街並みはどんどん動いているように見えるのと同じ理屈である．

　星座の星々より近くにある①−③のうち，一番速く動くのは②の月である．実際，月は地球に一番近い天体なのだ．また①の太陽と③の惑星は②の月よりはゆっくりではあるが，やはりよく動く．実際，これら，星座の星々を背景にして動くのは，すべて太陽系内の天体なのだ．人間が作ったロケットでも何とか到達可能な距離にある天体で，宇宙全体からすれば，すぐそこの世界である．夜空を眺めたときに，星座の星々と比較して「動いているか？」→「確かに動いている！」という見え方から，ごく近傍の世界であることを知ることができる．

　地球が太陽の周りを回っているということは，実感するのは難しいが，ここではそれを受け入れて先に進もう．太陽の周りを地球が回っていて，その外側に④の星座の星々がある．ところで星座の形は，1年を通して本当に変わらないのだろうか？　オリオン座を例にして考えてみよう．星座盤で確認すると，8月初頭の午前4時に東の空に，4月初頭の午後10時に西の空に見えることになっている．夏休みが始まってからゴールデンウィークくらいまで，夏→秋→冬→春と，季節を超えて見えているわけだ．ところで，星座の星々が存在する空間の中を地球が動いていても，オリオン座の形は季節を通して変わらない．これは星座の星々が太陽系空間に比べて極端に遠方にあることを意味している．夜空に見えている星々は太陽と同じように自ら光輝く星だとわ

第5章

かっている（第4章参照）．あんなに弱々しい光なのは遠くにあるからであり，星座の形が変わらないのも，星があまりに遠くにあるからなのである．太陽と星座の星々が同じ種類の天体であることを考えると，太陽系は，星座の中の星1つ分の階層に相当していることがわかる（図5・3）．星座の星々は，「動いているか？」→「いや，動いていない！」という見え方から，非常に遠方の世界であることを知るのである．

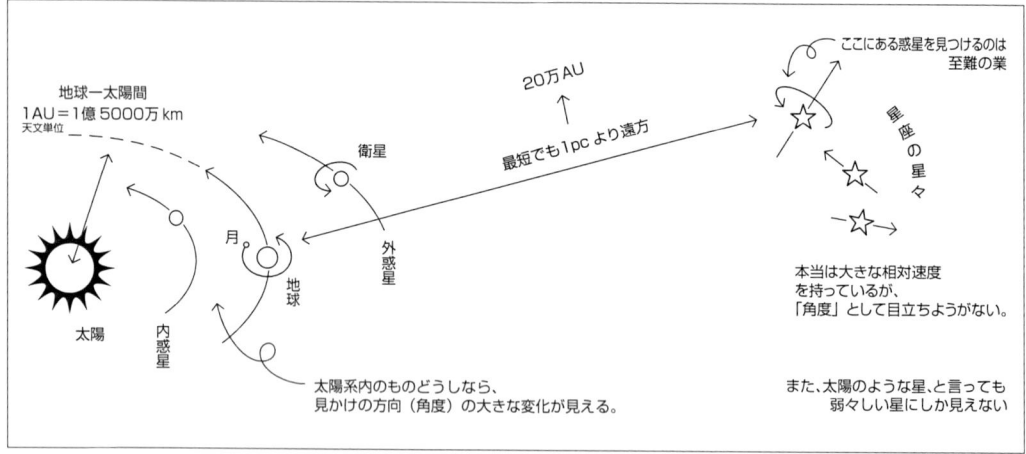

図5・3 "惑っている"星は地球に近いから動き惑い，"恒なる"星はあまりに遠いから恒に同じに見える．

図5・4 わし座付近の天の川（提供：藤井旭）

さて，非常に遠方にあることがわかった星座の星々だが，それらはまんべんなく分布しているのだろうか．この段階になると「動いているか？」方式は使えないので，ここからは「見た目」方式で考えてみよう．そこで，まずは**天の川**に登場してもらおう（図5・4）．天の川は望遠鏡で見ると，たくさんの星の集まりであることがわかっている．性能のよい双眼鏡でも十

分なので，いちど天の川を見てみてほしい．まさに星の数ほどの星がある．そこには無数の暗く見える星がびっしり詰まっていることがわかるだろう．

これら天の川に散らばる無数の星々には，近くにあるもの，遠くにあるもの，いろいろあるだろう．クリスマスのイルミネーションなどは近くにあるものほど明るく散らばって見え，遠くのものは暗く集まって見える．同様に考えれば，近くにある星々ほど明るく，互いにバラけて見え，数も少なくなるだろう．逆に言えば，天の川が見える方向は，向こうの方まで星の分布が続いていることだろう．また，天の川が見えていない方向は，星の分布がある程度の距離までで終わっている，ということになる．このような「見た目」方式で考えると，私たちの太陽系は，多くの星が，ある程度の厚みのある円盤状に集まった星の大集合体（**銀河系**と呼んでいる）の中にあること，その中から銀河系を見まわし，それが天の川として見えていたということがわかる（図5・5）．

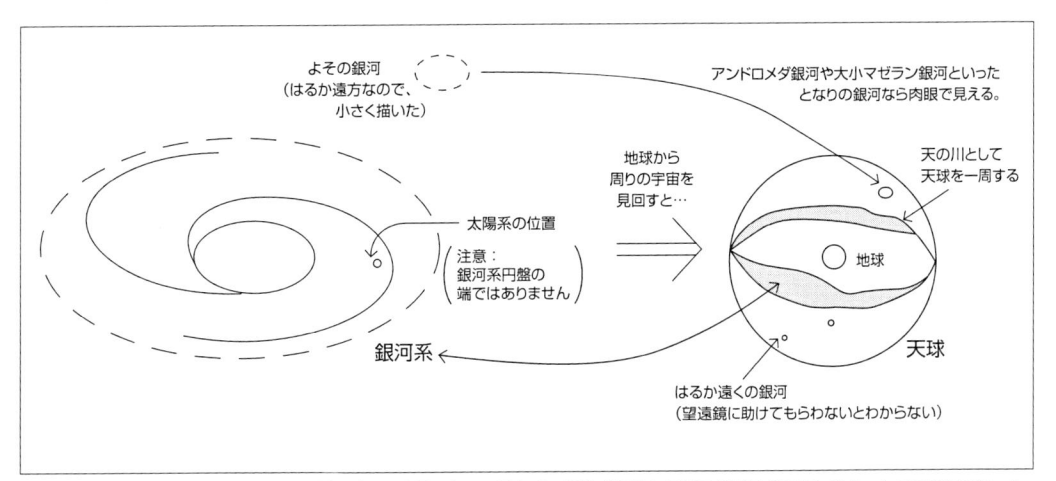

図5・5 天の川と銀河系の関係．天の川はどこにあるのか，ではなく，何をどう見たら天の川が見えていたのか，という問題であった．

天の川を見る機会があれば，天の川を遠景，星座の星々を近景として，夜空を「立体視」してみてほしい．広大な銀河系の姿が頭に浮かべば素晴らしいだろう．<u>銀河系は教科書の絵としてだけでなく，天の川として誰もが見ることができるものなのだ</u>．

では，銀河系で宇宙は終わりだろうか？ いや，まだまだだ．今度は**アンドロメダ銀河**に登場してもらうことにしよう．アンドロメダ銀河は，条件がよければ肉眼でも見える天体である．夜空の暗いところで，空気が澄んでいて，月明かりのない時がベストな条件だ．夕方から明け方の時間すべてを考えると，4月から5月を除いて年中見えている．カシオペア座あたりを駆け抜ける天の川から少し離れたところにあるアンドロメダ銀河は，肉眼ではボーッとした星雲状に見えるが，星と星の間のガスの雲である**星雲**ではない．銀河系外にあって銀河系と同じ規模をもった

第 5 章

　星々の大集団を一般に**銀河**と呼んでおり，アンドロメダ銀河もその1つなのだ（図5・6）．実際，アンドロメダ銀河を望遠鏡で拡大して写真に撮ると，星々が円盤状に集まっていることがわかる（図5・7）．このような「見た目」から，確かにアンドロメダ銀河は天の川と同等の巨大な天体であることがわかるだろう．

図5・6 天の川のそばにある"別の天の川"（国立天文台）．肉眼では星雲状に見えるが，銀河系外の天体である（提供 国立天文台）．

図5・7 アンドロメダ銀河の望遠鏡拡大写真（国立天文台）．写真の視野一面に写っている星々はすべて銀河系内の星で，アンドロメダ銀河本体はこれらの星々とは比べものにならないくらいの遠方にある．宇宙はかなり「透明」なので，遠景と近景が同じように写真に写ってしまうのである（提供 国立天文台）．

銀河系の外にはアンドロメダ銀河があるだけ？　いやいや，まだまだだ．銀河系の外にある銀河は，星の数，いや，銀河の数ほどある．肉眼では手に負えなくなってきたので，星図や星座盤に助けてもらおう（図5・8）．望遠鏡の助けを借りた「見た目」で，遠方宇宙の構造を考えることができる．銀河がこの図の縦方向「天の川」状に分布しているのがわかるだろうか．これら銀河までの距離をひとつひとつ測り，分布地図を作った結果の1つが図5・9である．このプロット図の「見た目」から，銀河はまんべんなく分布しているのではなく，やや平たい形状に集まっていることがわかる．この銀河の集まりを**局所超銀河団**と呼んでいる．

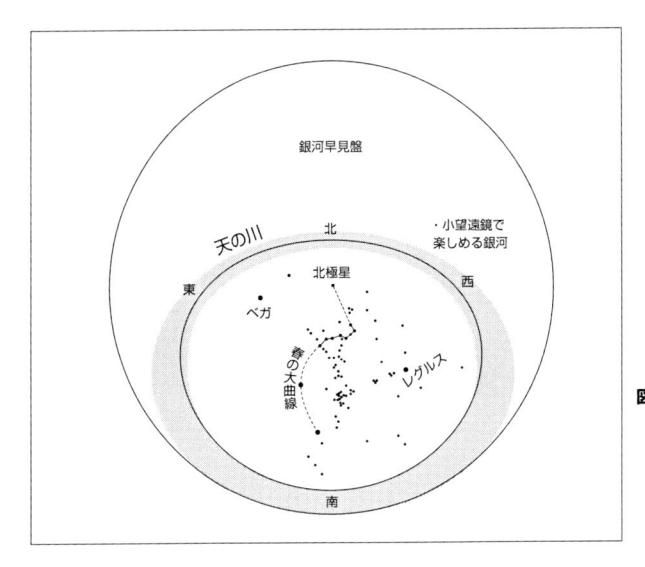

図5・8　星座早見盤で，北斗七星を窓の中央付近にもってこよう．ちょうど天の川が，星座盤の窓の枠に沿うようになる位置である．小望遠鏡で楽しめる銀河を描き込んでいる星座盤は珍しいかもしれない．もし描き込んであれば，このようになるはずだ．この窓の中央部，上から下へ，銀河分布の「天の川」が見える．

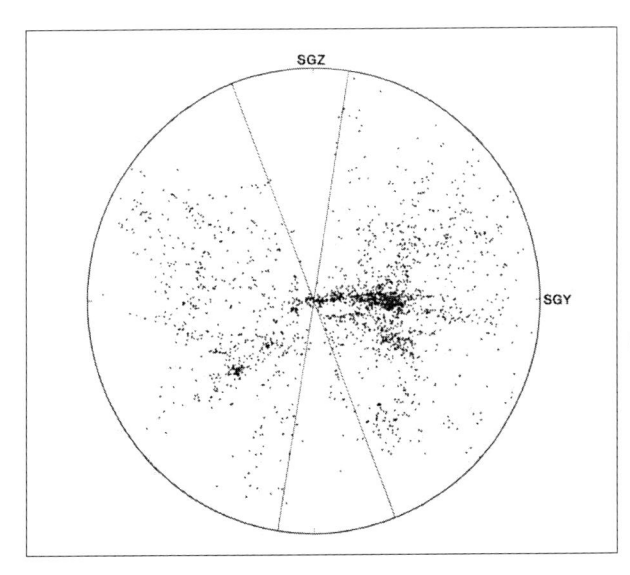

図5・9　図5．8で示した天球面上の銀河分布を外側から見たときの図．円の中心に銀河系があり，点ひとつひとつが銀河を表わしている．円の中心からの距離は，銀河系からの距離に相当している．図の半径は1.5億光年に相当する．平板な銀河の集合体がみえる．これが局所超銀河団である．図の中央縦に入る円錐状領域は，天球面上の天の川帯の背後にあって銀河系外を見通すことができない領域（出典：R.B. タリーの1982年の論文）．

第5章

　さらに数多くの銀河を丁寧にプロットしていくと，現在ではかなり遠方まで宇宙の地図を作製することができる（図5・10）．そして，銀河は**銀河団**や銀河団の集まった**超銀河団**を作り，さらに超銀河団のネットワークは宇宙全体に張り巡らされていることが最新の研究でわかっている．それを**宇宙の大規模構造**と呼ぶ（図5・10）．

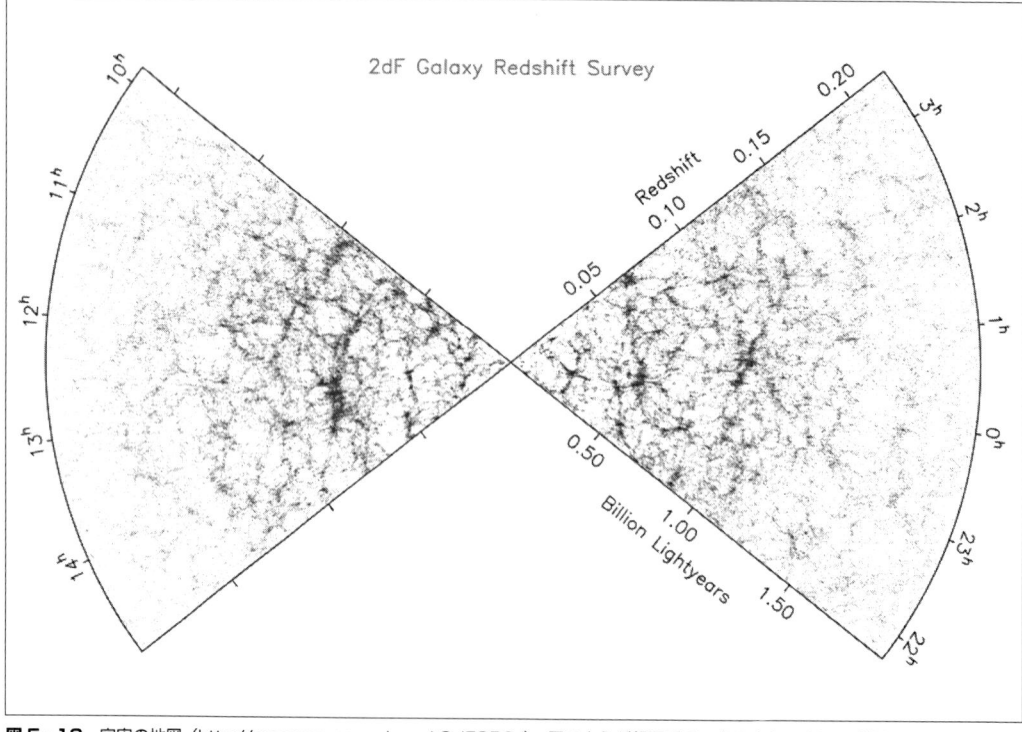

図5・10　宇宙の地図（http://msowww.anu.edu.au/2dFGRS/）．図の中心が銀河系で，点のひとつひとつが銀河を表わしている．2dF（ツー・ディー・エフ）という研究プロジェクトで得られたもので，アングロ・オーストラリア天文台内の口径4m専用望遠鏡で25万個以上の銀河の分布図を作製したもの．図の半径は20億光年に相当する．

COLUMN

*Mitaka*を見たか？

　天体や天体現象を空間3次元と時間1次元の4次元で可視化する4次元デジタル宇宙シアターが，国立天文台の4次元デジタル宇宙プロジェクト（4D2Uプロジェクト）で開発されている．このプロジェクトの中で，「Mitaka（ミタカ）」と呼ばれる4次元デジタル宇宙ビューワーが開発されている．これは普通のパソコンで動作し，地球から太陽系や銀河系を経て宇宙の大規模構造までを自由に移動できるソフトで，天文学の観測で得られた様々なデータや理論的に計算されたモデルを画面で見て楽しむことができる（図5・11）．自宅のパソコンで楽しむことはもちろん，学校現場などで教育用に実践する例も多く，Mitakaファンの先生も多い．まだ知らない方は，是非一度試してみて頂きたい．Mitakaは次のホームページから入手できる：

　http:// 4 d 2 u.nao.ac.jp/html/program/mitaka/

　なお，ミタカの名の由来は国立天文台の本部が東京都三鷹市にあるためで，何か宇宙的名称の略称ではない．

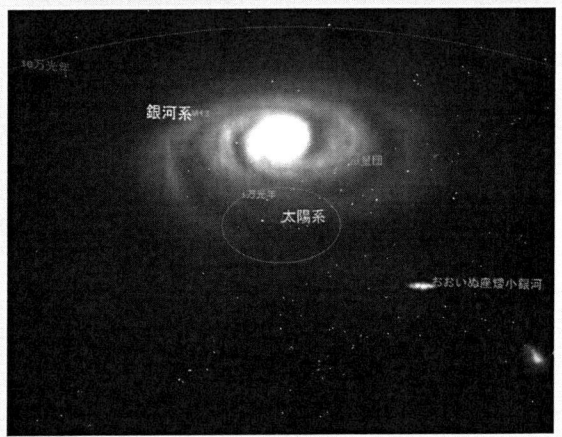

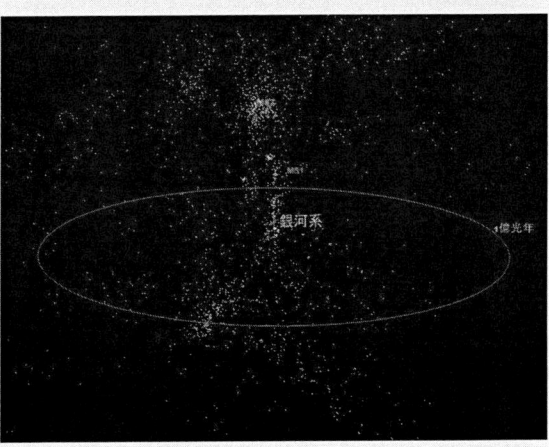

図5・11　Mitakaの画面の例（Mitakaホームページでの紹介図から）
（Mitaka：©2005 加藤恒彦，4D2U Project, NAOJ）

第 5 章

☕ Coffee Break　銀河という名前

　天にかかる大河ということで，古代の中国では天の川のことを「銀河」と呼んだ．文芸作品では，今でも天の川のことを銀河と記す場合がある．地球から天の川（＝銀河）として見えていたものは，外側から見下ろすと，円盤体の構造をもつ星の大集合体「銀河の系」だったということがわかった．ここから「銀河系」という語ができた．一方，観測が進展すると，銀河系の外に銀河系と同格の天体が多数存在することがわかってきて，それらの天体を銀河（galaxy）と呼ぶことになった．それに対して，私たちの住む銀河（our Galaxy）が銀河系（the Galaxy）である．

　銀河系の中にいて銀河系を内側から見ると，天の川（Milky Way）という構造が見える．銀河系のことを天の川銀河（Milky Way Galaxy）とか，単に天の川（Milky Way）とも呼んでいる．この本でも，天の川と銀河系を同じ意味で使う場合がある．

☕ Coffee Break　銀河系中心のモンスターブラックホール

　大質量の星が超新星爆発を起こしたときに，ブラックホールが残されることがある（第4章参照）．ブラックホールは非常に重力が強くなって周囲の空間を歪め，秒速30万kmの光でさえも逃げられなくなった天体だ．そのため，ブラックホールを見ることはできないと思われているが，その"常識"は実は間違っている！ ブラックホールに周囲からガスが落ちるとガスは摩擦で高温になり，ブラックホールへ吸い込まれる直前までX線その他の電磁波を放射するので，X線観測などでブラックホールを検出できるのだ．近年のX線観測によって，銀河系の中では，ブラックホールが20個ぐらい発見されている．

　さて，銀河系の中心は，いて座の方向で約2万7000光年のところにあり，「いて座Aスター（Sgr A *）」と呼ばれている．以前から銀河系中心には巨大なブラックホールが存在するだろうと推測されていたが，上に書いたブラックホールと桁違いのものであることがわかっている．21世紀に入って，銀河系中心の周りを回るいくつもの星の観測結果が相ついで公表された．それらの星は銀河系中心の周りを軌道運動しており，運動の解析から，銀河系中心には，なんと太陽の400万倍もの質量をもつ巨大ブラックホールが存在することが証明されたのだ．

5.2 宇宙の進化

「宇宙ってどうやって生まれたの？」というのは，きっと誰もが出会ったことのある素朴な疑問だろう．そして，最も答えに困ってしまう質問だろう．現代の宇宙観における，宇宙の誕生，銀河の誕生，その中での星の誕生，太陽系そして地球の誕生という物語を図5・12にまとめてみた．大宇宙の時間的な広がりを感じてみよう．

もっとも，大宇宙の時間的広がりを感じ取ることは，大宇宙の空間的広がりを感じ取ることよりずっと難しい．光速は有限だから，光を通して宇宙を見ることにおいて，遠方を見れば過去が見える，というのは確かに事実である．しかしそれは相当遠方を見ないといけない．なにより，遠方にあるものは，「私たちとは類似するだろうが別のもの」の過去の姿であって，私たち自身の過去の姿ではない．この点には注意が必要である．

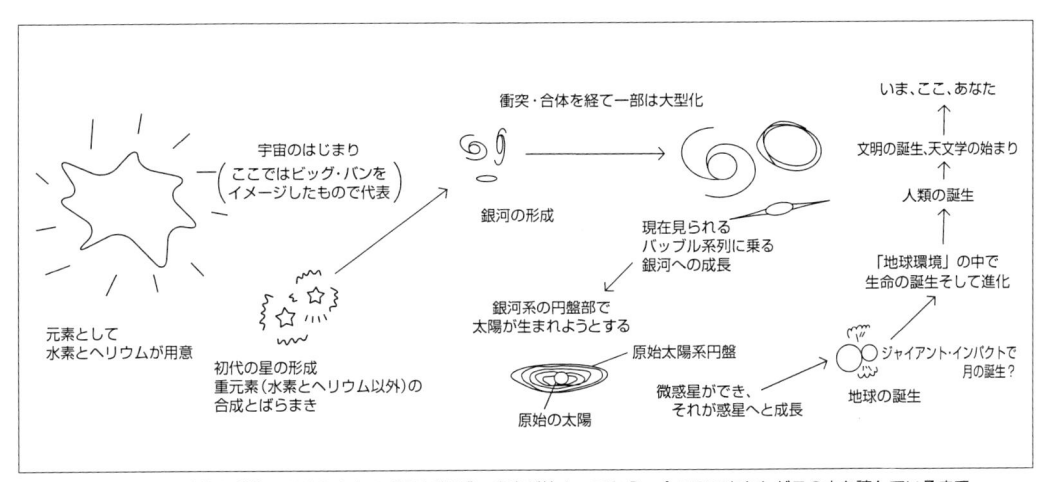

図5・12 現代的な描像における宇宙の"歴史物語"．宇宙が始まってから，今ここであなたがこの本を読んでいるまで．

さて，ここでは最新の科学が明らかにした宇宙の進化像を，できるだけ日常的なところとつなげながら，現在から過去にさかのぼる方向に見ていきたい．まず地球の生い立ちから始めたい．地球は46億年前に生まれたとされている．これは太陽と太陽系の年齢でもある．

太陽系の天体はそれぞれ自転し，惑星は太陽の周りを，衛星は惑星の周りを公転している．この回転運動がよくそろっていることは注目に値する．まず回転面がだいたい一致している．各惑星の公転軌道面や，衛星の公転軌道面，それから自転による赤道面がよく一致しているのである．また回転方向もそろっている．太陽の北極方向から太陽系を眺めたとすると，各惑星の公転も自転も，一部の例外を除き，大部分は反時計回りの回転をしていることがわかっている（図3・14

第 5 章

図 5・13 原始惑星系円盤の想像図（NASA）

参照）．ここまでお互いの回転運動がそろうからには，太陽系は1つだった天体から生まれてきたのだろう．それが約46億年前の**原始太陽系円盤**なのである（図5・13）．太陽という1つの恒星を作ろうとする過程の中で，原始太陽系円盤も形成されたのだった（図3・29参照）．太陽系の天体はみな，歳の似通った兄弟姉妹ということになる（第3章参照）．

銀河系は非常に多くの星が集まったものであり，その数は数千億個と言われている．星も誕生しては死んでいく（第4章参照）．現在，銀河系の中でどのくらいの星が生まれているのか勘定は難しいが，1年から数年に1個くらいではないかと推定されている．宇宙の年は137億年で，銀河系の年齢もそれに近いと思われる．しかし，誕生以来ずっと現在のペースで星を作ってきたとすると，どうしても現在数千億個の星があるということと勘定が合わない．したがって銀河系の中で星が生まれてきた度合いは，昔と今とでは随分と違うだろうことがわかる．

現在の考え方では，銀河系や銀河はその誕生期に非常に活発に星々を形成する時期があったと考えられている．銀河には，銀河系やアンドロメダ銀河のように星々が円盤状に集まった**円盤銀河**以外に，星々がボール状に集まった**楕円銀河**と呼ばれるものもある（図5・14，図5・15）．円盤上には渦巻構造がよく発達するので，円盤銀河は**渦巻銀河**と呼ばれる方が一般的である．楕円銀河では現在は星形成が起こっていない．大型の楕円銀河になると銀河系より大きなもの，すなわち星の数が多いものも少なくない．したがって，それら大型の楕円銀河ではなおさら，過去に非常に激しい星形成が起こったと考えないと勘定が合わない．以上のようなことから推論して，銀河での星形成は宇宙初期に非常に激しく起こり，"最近では"安定低成長期に入っていて，しかも一部の銀河は星形成をほぼ終えた，と考えられている．この形成期の銀河を見つけ出し詳しく調べることが，銀河の成り立ちを探るうえで大きな課題なのだ．

さらにさかのぼり，宇宙の初期で銀河のタネはどうやって用意されたのだろうか？このような昔の話になるとわからない点が多いが，現在のところ以下のように考えられている．銀河は星

の大集団であり，星はガスから生まれるので，最初はガスのかなり巨大な塊があって，その中で星々が生まれていって，銀河という姿になった，と考えるのが自然であろう．最初の巨大なガスの塊は宇宙のそれぞれの場所に存在していたのだろう．では何がガスを集めてそのような塊にしていったのだろうか？

　銀河のタネとなるガス塊を集める仕事を引き受けたのは**ダークマター**だと考えられている．宇宙には重力を及ぼす質量をもった物質として，私たちがよく知っていて元素の周期表でおなじみの**通常物質**以外に，ダークマターと呼ばれる正体不明の物質があると信じられている．化学の授業で習った物質以外の物質があるの！？と驚かれるかもしれない．宇宙の中に存在する星や銀河などの天体の運動を詳しく分析すると，銀河の内部や銀河団の内部のどこにどのくらいの質量があるのか求めることができる．そして通常の物質は，光や電波などを出しているので，可視光や電波などで観測すればその総量を見積もることはできるのだ．ところが写真には写らない正体不明の物質があって，それをダークマターと呼んでいるのだ．しかも重要なのは，<u>ダークマターは通常物質の5倍くらい多く存在している</u>ので，非常に大きな重力作用を及ぼす源となる．

　現在の考えでは，宇宙のごく初期にダークマターの塊が宇宙のあちこちにでき，その塊がまる

図5・14　典型的な円盤銀河（渦状銀河）のM51（提供 国立天文台）

図5・15　巨大楕円銀河のM87（提供 国立天文台）

第5章

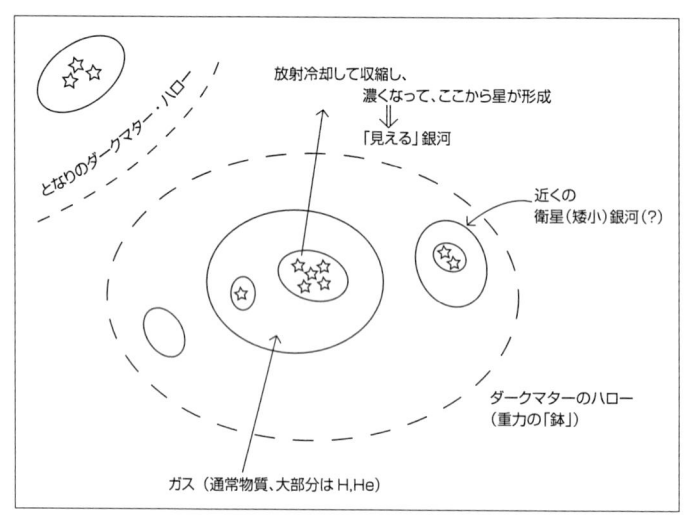

図5・16 ダークマターが，銀河が誕生する裏方をしたようだ．

で重力の"鉢"のように振舞って，その鉢の"底"に通常物質（具体的には，水素とヘリウムを主成分とするガス）を集め，そのガスが銀河や星になったと想像されている（図5・16）．

ではダークマターの塊はどうやってできたのか？　これはさらに難しい問題だが，一応の説明は考えられている（図5・17）．宇宙が誕生したとき，宇宙中の物質は，通常物質もダークマターも，空間内でまんべんなくばらまかれていたと思われている．しかし完全に均質だったわけではなく，自然界に"自然に"存在するある程度のゆらぎを伴っていたはずだ．わずかな**ゆらぎ**とはいえ，均質からのずれは最初からあったのだ．そしてそのような物質のゆらぎが存在すると，重力のために，物質が密なところはどんどん密に，その反対に疎なところはどんどん疎になってしまう．こうやって，物質分布の格差は拡大し，ほぼ完全に均質だった宇宙が，極端な疎密をもつ世界へと変化したのだ．さらにその過程で，単に疎密があるというだけでなく，階層構造をもって疎密ができあがっていったのだ．

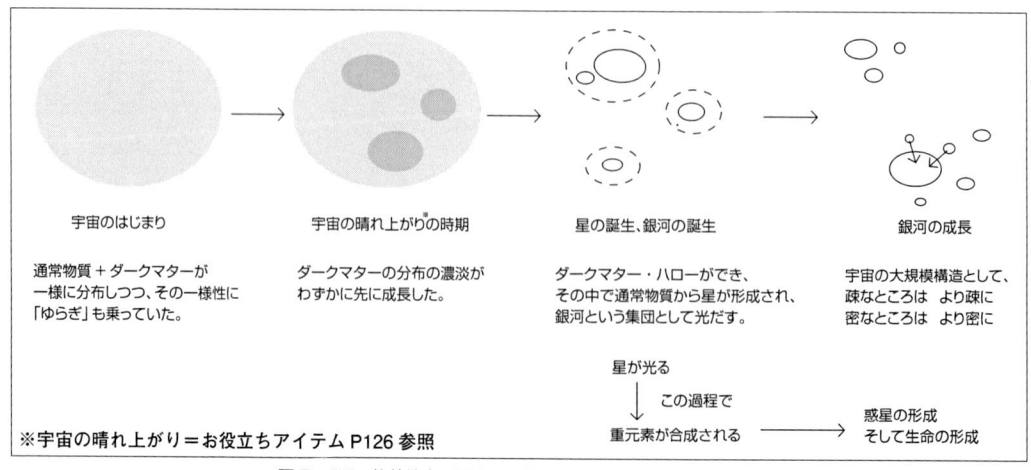

図5・17 格差拡大の歴史＝天体形成としての宇宙の生い立ち

COLUMN

ハッブルの法則

遠方の銀河はすべて遠ざかるように見え,しかも銀河の距離が遠ければ遠いほどその速度は大きくなっている.1929年にエドウィン・ハッブル (E. Hubble) がまとめた銀河の運動に関する性質が**ハッブルの法則**である.ハッブルの法則は,$v = H_0 r$ という式で表わされる.ここで,v は視線方向の銀河の後退速度,r は銀河までの距離で,比例定数の H_0 はハッブル定数と呼ばれている.この法則は,互いの距離が離れあっているほど速い速度で遠ざかりあう,そしてそれが比例関係にあるということを示しており,宇宙の一様的な膨張の観測的証拠とされているものである(図5・18参照).

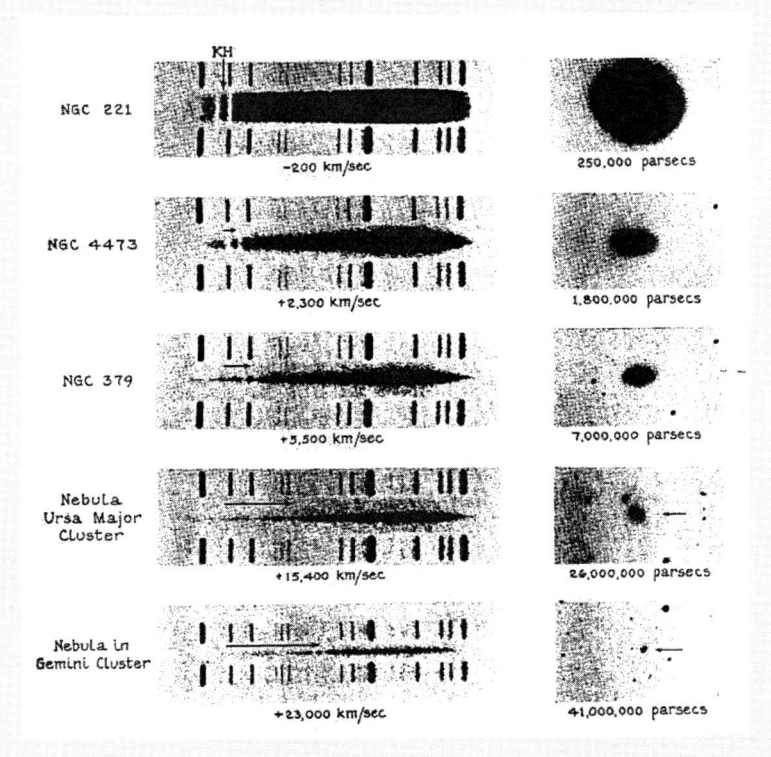

銀河	スペクトル	後退速度	写真	距離
NGC 221	K H	−200 km/sec		250,000 parsecs
NGC 4473		+2,300 km/sec		1,800,000 parsecs
NGC 379		+5,500 km/sec		7,000,000 parsecs
Nebula Ursa Major Cluster		+15,400 km/sec		26,000,000 parsecs
Nebula in Gemini Cluster		+23,000 km/sec		41,000,000 parsecs

図5・18 ハッブルの法則を示した歴史的な図.ハッブルの弟子のヒューマソン (Milton Humason) が1936年に発表したもの.銀河の名は,図の左列に書かれている.NGCが付いているものはNGC銀河カタログの番号で,下から2つ目のものはおおぐま座銀河団中の銀河,一番下のものはふたご座銀河団中の銀河,と記されている(銀河ではあるが,古い論文のため,ここでは"星雲 (nebula)"と表記されている).図の右列は銀河の撮像写真が示されている.銀河の見かけの明るさや大きさから,銀河までの距離が見積もられている.下になるほど遠距離にある銀河で,小さく写っており,パーセク (3.26光年) 単位の数値がそれぞれの写真の下に記されている.図の中央列にはそれぞれの銀河のスペクトル写真が示されている.銀河の中の多数の星がつくる連続スペクトルに2本の吸収線がはっきり見える.これはフラウンホーファーのH線,K線と呼ばれる吸収線で,一階電離したカルシウムが作る吸収である (396.8 および 393.4 nm).このH+K線が,本来の波長と違った波長で観測され,それを運動に伴うドップラー偏移と解釈すれば,その相対速度がいくらになるか計算できる.その値が,それぞれのスペクトル写真の下に記されている.なお,銀河のスペクトルの上下にある縞模様は写真上の位置と波長を決めるために焼き込んだ比較スペクトル線.

第5章

宇宙元素組成比

　宇宙での元素の存在比を考えたとき，水素とヘリウムが圧倒的ではあるが，他の重元素も微量ながら存在している．その存在比を図にしたものが以下の図5・19だ．元素の存在数の比を，常用対数で示してある．縦軸の数値が1違うと10倍違う，数値が2違うと100倍違うことを意味している．水素とヘリウムが圧倒的なのはもちろんだが，その次に，酸素と炭素が多い．窒素の存在量も多く，私たちの体を作っている主要な元素は，このように宇宙の中にたくさんあるものなのである．ケイ素が多いことは，大地が土や砂でできていることと関連づけられるだろう．さらに鉄が意外に多いことにも注目したい．私たちの日常生活で使う語としての金属（天文学では，水素とヘリウム以外を金属と総称することがある）で，最もありふれているのが鉄だが，鉄は宇宙にたくさんあるものだったのである．

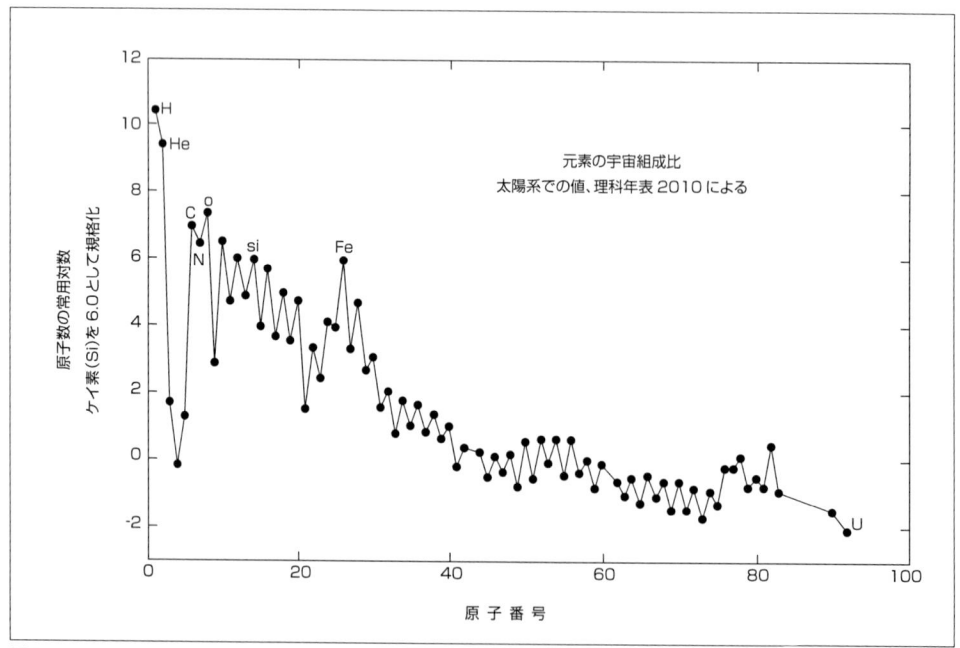

図5・19 宇宙における元素組成比．横軸は原子番号，縦軸は原子の存在割合の常用対数で，ケイ素の値を6.0として他の値を表現したもの．太陽系での調査値．理科年表2010年度版掲載のデータから作成した．

5.3 宇宙の中の人間

本章では，大宇宙の空間的広がりと，時間的広がりを紹介してきた．私たち人間は，このようなことを考えることで大宇宙とつながっているのだが，もっと直接的な意味でも，人間は宇宙とつながっている．よく言われるように，私たち人間は星の欠片(かけら)からできたといえる．ここでは，宇宙が姿を変えてきたなかで，人間を作る材料が用意されてきたというお話をしよう．

宇宙はいまから137億年前に，時間と空間が出現すると同時に，高エネルギーの火の玉として物質も生成されたと考えられている．これを**ビッグバン**と呼んでいる．このビッグバンの直後は，宇宙には元素として水素とヘリウムしか用意されなかった．しかし恒星が輝いているとき，そして恒星が死ぬ時に，水素とヘリウム以外の様々な元素が作られてきた（第4章参照）．それらの元素は，炭素，窒素，酸素，ケイ素，鉄などで，将来，惑星の大地や生き物の体の原料になるものであった．私たちの銀河系も，他の銀河と同じく，宇宙の比較的初期に誕生したと考えられている．銀河系の中でたくさんの星が生まれていくなかで，約46億年前に太陽が誕生した．銀河系が生まれた当初は，銀河系の中には宇宙の最初と同じく水素やヘリウムしかなかっただろう．しかし星がいくつも生まれては死ぬ間に，次第に重元素成分が蓄積されて，太陽系が誕生する母体となった原始太陽系円盤には十分な量の重元素が含まれていたので，固体の中心核をもった惑星が誕生できたのだ．また同時に太陽系の内外には生物の原料も十分に存在していたのである．

さらに太陽系の惑星で重要な点は，惑星の中で，水が液体で存在できる条件を満たした地球では，液体の海が存在していたということだ．火星やもしかすると金星にも海はあったかもしれないが，太陽に近い金星では沸騰してなくなっただろうし，火星では凍りついてしまっただろう．しかし地球では海ができた，というより，海をもち続けた．この液体の海という環境の維持が，生命の誕生につながったと考えられている．そして実際，海ではアミノ酸などの高分子を材料にして生命が誕生したのだろう．生命は約38億年前に発生して以来，最初のごく簡単な生物から多様性と複雑性を増しながら，ついには人類まで進化したのであった．

星が核融合で輝いていること，その生産物である重元素（天文学では水素・ヘリウム以外を一括して重元素あるいは金属と呼んでいる）の散布，それら重元素が複雑な分子として成長できる時間を用意した地球という場所，これらすべての連鎖が私たち人類へつながってきたといえる．人が死んだら星になる，という話があるが，なんと，星が死んだら人になる，だったのだ．

このような話が本当なら，宇宙にある物質と地球にある物質の成分配合がそっくり，ということになるだろう．太陽を作っている元素は，重量比98%までが水素とヘリウムであり，この比率は他の星でもほぼ同じで，現在の宇宙全体の元素の配分をほぼ反映している．太陽の元素組成と地球の元素組成はよく似ている．もちろん地球にはヘリウムはほとんど取り込まれなかったし，

第5章

　水素は化合物の形として存在するものの，それらを考慮したうえであれば，地球の元素組成も宇宙全体の元素組成とあまり変わらない．さらに生物が海中で発生し進化したという歴史から，地球の海水と人間の血液の元素組成（塩分の割合）はとてもよく似ている．ちょっと乱暴に言えば，空に輝く星，この大地，そして人間は，本当に同じような元素組成といえるのだ．もちろんその見かけは大きく違うが，これはおそらく化学で学んだように，材料が同じでも，組み合わせ方や状態が違うと，全く違う性質を示す，ということの現われである．

　星の世界の「こちら」と「あちら」が似ているというのは，<u>宇宙の中で私たちは特別な場所にいない</u>という考えに合致し，コペルニクス的転回の発展形ともいえる．となると，もしかしたらどこかに宇宙人がいて，同じように大宇宙を研究しているとしても不思議ではない．ただし，宇宙はあまりに広いので，お互いに出会うことはもとより，文通し合うことさえ至難の技だろう．宇宙人探しは真剣にやっている一方で，宇宙人に出会った，という確実な話がまだ1つもないことも事実である．また，宇宙人といっても，地球人と全く違った姿をしているに違いないだろう．

　宇宙のことを考えて考えて行き着く先は，私たち人間が宇宙の中でどのような立ち位置にあるのか，さらに人類以外にも宇宙に隣人はいるのか，そしてこれから将来へ向けて私たちはどう生きていくのか，といった私たちの存在の本質に関わる問題である．これらの問いに答えるのは難しく，そもそも答えさえないかもしれないが，それでも私たち人間は考えるのを止めることはできないだろう．私たちは，よくも悪くも，考える葦なのだから．

お役立ちアイテム　パワーズ・オブ・ハンドレッド

　復習を兼ねて「パワーズ・オブ・テン」の図を紹介しよう．人間の日常生活における空間と時間（たとえば1m，1日）を起点とし，10のべき（パワー）で極大（マクロ）の方向，極小（ミクロ）の方向を見ていくものである．ここでは，これら4方向のうち，空間のマクロ方向を見てみよう．また10のべきだと宇宙の果てまで行くのに枚数が多くなりすぎるので，ここでは100のべきとしよう．それが "**パワーズ・オブ・ハンドレッド**" だ（図5・20）．

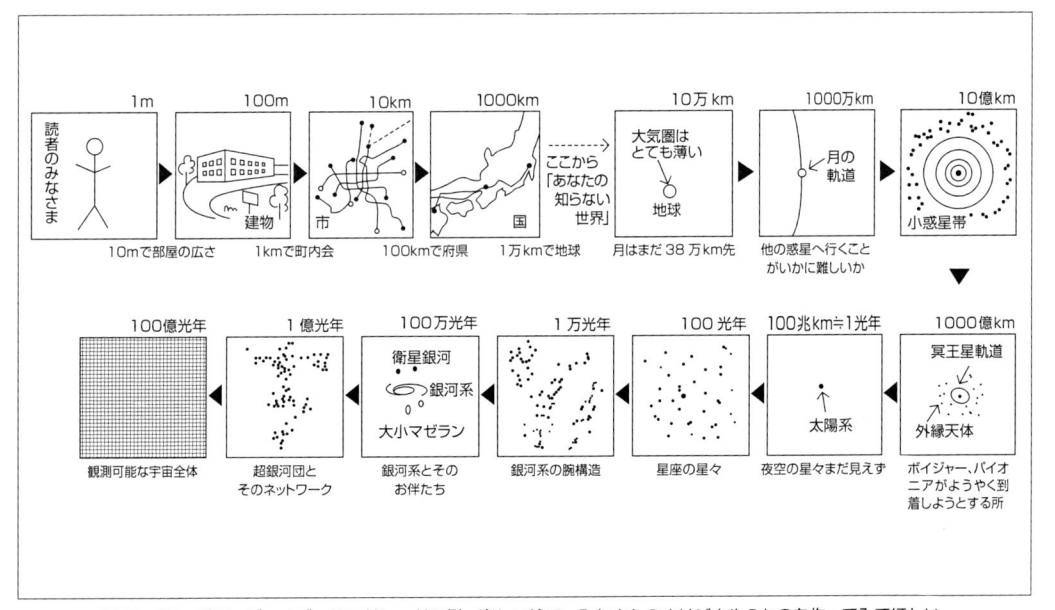

図5・20　パワーズ・オブ・ハンドレッドの例．楽しい絵で，みなさんのオリジナルのものを作ってみてほしい．

| お役立ちアイテム | **コスモカレンダー** |

　やはり復習として，**コスモカレンダー**を紹介しよう．コスモカレンダーとは，宇宙の誕生から今までを1年として，宇宙で起こったいろいろな出来事を記したものである（図5・21）．

　ちなみに，約137億年前に宇宙がはじまった直後は、宇宙全体は高温高圧の火の玉状態で、水素などのガスはすべて陽子と電子が電離した状態で、太陽の内部のように遠くが見通せなかった。宇宙が膨張するにしたがって宇宙のガスの温度は下がり、約38万年後、いまの宇宙の約1000分の1ぐらいまで拡がったときに、それまで電離していた陽子と電子が結び付いて中性水素ガスになり、中性水素ガスは透明なので、宇宙の遠くまで見晴らせるようになった。これを**宇宙の晴れ上がり**と呼んでいる。

```
宇宙の年齢137億年を365日と勘定すると…
```

［1月1日］ビッグ・バンで宇宙のはじまり　宇宙の晴れ上がりは1月1日0時15分ころ（38万年経過）
→ 冬休みの間、宇宙は「真っ暗」だった、ようだ。
［1月7日］最初の星(?)（2〜3億年経過）
→ ［1月14日］銀河が姿を現す(?)（5億年経過）
→ いやというほどの星形成、その産物の重元素合成　ハッブル系列として見えてくる銀河の成長
もう夏休みが終わり
［8月31日］地球の誕生（46億年前）
→ ［9月21日］生命の誕生（38億年前として）
↓
［10月21日］光合成の開始（27億年前として）← 大気へ酸素が供給される
［12月17日］古生代のはじまり（5.42億年前）← オゾン層の形成　生物の上陸へ
もう暮れが迫る
［12月20日］陸上植物の出現（4.4億年前として）
もうクリスマス
［12月25日］中生代のはじまり（2.51億年前）
［12月30日］新生代のはじまり（6600万年前）
大みそかだ…
［12月31日］第四紀はじまる（260万年前）午後10時半
完新世はじまる（1万年前）午後11時59分
文明のおこり
歴史時代
午後11時59分59秒　ガリレオ・ガリレイの天体観測（400年前）
いま、ここ、あなた

図 5・21　コスモカレンダーの例．これもみなさんのオリジナルのものを作ってみてほしい．学校のカレンダーに合わせて4月1日から3月31日までの1年間で作成する，中学あるいは高校の入学から卒業までの3年間の，学校行事も織り込んだもので作成する，あるいは，1億年を5cmにした巻物として作成する，といったものはどうだろうか．

第 6 章

望遠鏡は華奢じゃない！
― *望遠鏡のしくみと使い方* ―

第6章

6.1 望遠鏡のしくみ

　学校の理科準備室は，様々な器具が所狭しと置かれていて，雑然としているものだ．そして多くの学校では，その理科準備室の薄暗い片隅に，小型の天体望遠鏡がひっそりと佇んでいるだろう．もしかしたら，木製のケースに収められたままかもしれない．顕微鏡などと違って，望遠鏡は大きくて扱いが難しそうに思えるため，授業では使いづらいかもしれない．しかし思いのほか，望遠鏡は頑丈だし，使ってみれば，案外と使えるものである．望遠鏡の大まかなしくみと使い方を知っておくと，本物の天体を見せることができ，望遠鏡は大活躍して実験室の人気者となるだろう．この節では，まず基本として，望遠鏡の構造などについて説明するが，とりあえず使ってみようと思うなら，先に6.2節へ進んでも構わない．

6.1.1 望遠鏡の役割

　宇宙のかなたの天体からやってくる光は，地球に届くころにはとても微弱なものになっている．そこで，望遠鏡には以下の3つの役割を果たすことができるように作られている．

　　①**集光**：天体からの光をできるだけたくさん集める
　　②**結像**：天体のシャープな像をつくる
　　③**拡大**：その像を大きくして見る

　天体観測において天体望遠鏡を使う理由とは，結局のところ，この3点に集約される．天体望遠鏡では，レンズや鏡を組み合わせた**光学系**によってこれらのことを可能にしている．持ち運びができるような小型望遠鏡では，光学系は鏡筒の中に収められている．

　明るい実験室で使用する顕微鏡の場合は，小さな物体を拡大するのが最も重要な役割になるが，性能のところで詳しく説明するように，暗い天体の像は，単純に拡大してもますます暗くなるだけで見えなくなってしまう．そのため，望遠鏡の大きさに応じた，適切な拡大率の限界がある．

6.1.2 望遠鏡の構成

　学校等にあるような小型望遠鏡は，大きく3つの部位に分けられる（図6・1）．

　　・**望遠鏡本体**（鏡筒，アイピース，ファインダー等）
　　・**架台**（経緯台もしくは赤道儀）
　　・**固定脚**（三脚など）

各部位の詳しい説明は6.2節で行なうので，ここでは簡単に名称のみを説明する．まず，鏡筒

や対物レンズ，アイピース（接眼レンズ），ファインダー等のある**望遠鏡本体**の部分がある．それから望遠鏡を日周運動に合わせてスムーズに動かすための経緯台もしくは赤道儀からなる**架台**の部分がある．そして望遠鏡と架台を支える**固定脚**の部分がある．

6.1.3 望遠鏡の種類

望遠鏡の光学系には，大きく分けて2種類のものがある．すなわち**屈折望遠鏡**と**反射望遠鏡**である．両方とも，望遠鏡の3つの役割をもつことには変わりないが，天体からの光を集める方法に違いがある．

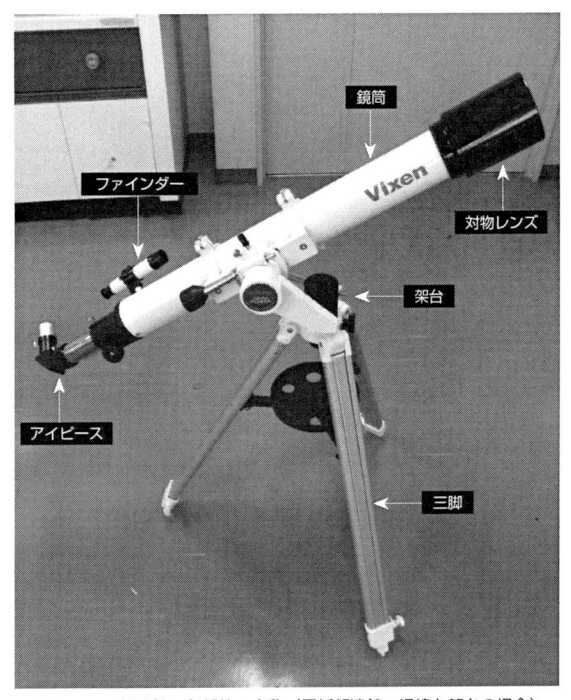

図6・1 望遠鏡の各部位の名称（屈折望遠鏡・経緯台架台の場合）

まず，屈折望遠鏡は，集光装置として**対物レンズ（凸レンズ）**を使用し，これによってできた実像を接眼レンズで拡大することで天体を観ることができる（図6・2）．接眼レンズに凹レンズを使用しているものは**ガリレオ式**，凸レンズを使用しているものは**ケプラー式**と呼ばれる．屈折望遠鏡は，安定した天体像を得やすく，比較的扱い方も簡単であるという長所がある．ただし，口径が大きいものは高価であるという短所もある．

一方の反射望遠鏡は，集光装置として凹面の**反射鏡（主鏡）**を使用する．凹面（放物面）の反射鏡は平行光線を一点に集め，実像を作る働きがある．そして主鏡で集めた光を，平面の斜鏡を用いて鏡筒の側面に取り出し，そこを接眼部としたものを**ニュートン式**という（図6・3）．小型の反射望遠鏡ではこのニュートン式のものが多い．

一方，主鏡の焦点近くに双曲面の凸鏡をおいて，鏡筒後部に焦点面を作るものを**カセグレン式**という（図

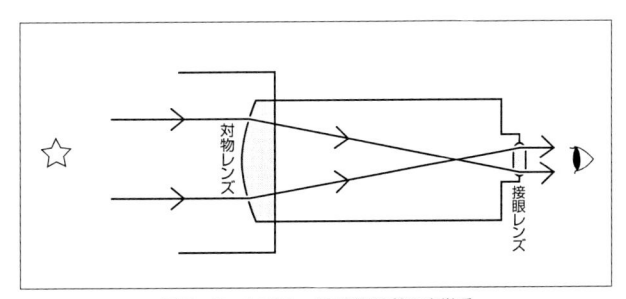

図6・2 ケプラー式屈折望遠鏡の光学系

第6章

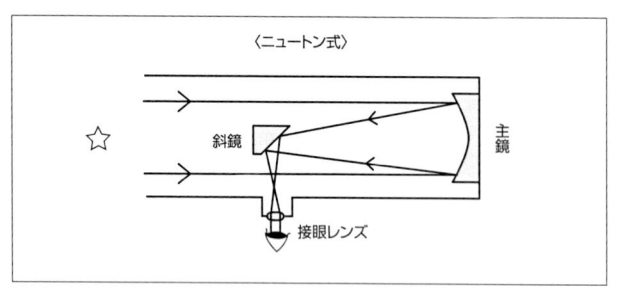

図6・3 ニュートン式反射望遠鏡の光学系

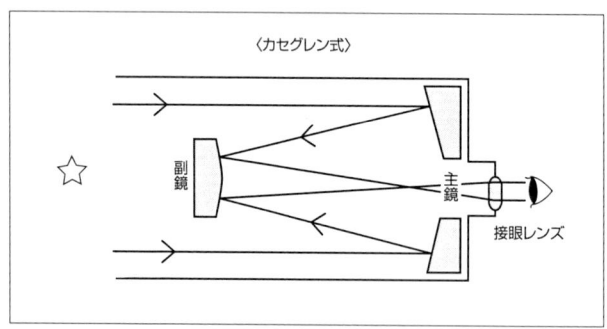

図6・4 カセグレン式反射望遠鏡の光学系

6・4）．中型から大型の反射望遠鏡はカセグレン式が多い．特に，大型のものでは**シュミット・カセグレン式**が主流となっている．これは，主鏡と副鏡を作成が容易で大型化しやすい形状の凹面鏡とし，そのために生じる星像の歪みなどを補正する板で鏡筒の先端を覆ったカセグレン式望遠鏡である．

　後述するように，望遠鏡の性能は，集光装置の大きさ（口径）でほぼ決まる．集光装置としてレンズを使う屈折望遠鏡に比べて，反射望遠鏡では鏡を使うので大型化しやすく，低価格で大口径のものを作ることができる．

6.1.4 架台

　次に望遠鏡を支える架台について説明する．架台の役割は，望遠鏡を目標の天体の方向に向けること，および天体の日周運動をスムーズに追尾することの2つである．架台は**赤道儀式架台**（図6・11）と**経緯台式架台**（図6・1）の2種類がある．

　望遠鏡を極軸のまわりに回転させて日周運動による位置の変化を追尾できる架台を赤道儀式架台という．赤道儀は，架台に固定した軸である極軸と，極軸に垂直な赤緯軸から構成されている．赤道儀の極軸を日周運動の軸（地球の自転軸）に平行になるように設置すると，極軸まわりの一軸の回転のみで天体の日周運動を追尾できる．

　経緯台式架台は，鏡筒を水平回転させる軸と，それと直交した俯仰角を調整できる軸の2軸をもつ架台である（図6・1）．経緯台式架台は赤道儀式架台のように極軸を合わせたり，バランスウエイトを取り付ける必要がないので，初心者には扱いやすい．しかし日周運動に合わせて天体を追尾するには，水平・垂直の二軸を動かさなくてはならず，赤道儀式に比べてやや煩雑である．また追尾に伴って視野が回転するので，長時間露出で写真を撮るには不向きである．

6.1.5 望遠鏡の性能

ここで望遠鏡の光学的性能について，先に述べた3つの役割ごとにまとめておこう．

（1）集光

集光装置（屈折望遠鏡の対物レンズまたは反射望遠鏡の主鏡）の直径のことを望遠鏡の**口径**と呼ぶ．望遠鏡の性能の大部分を決定するのは口径である．

すなわち，まず，望遠鏡が光を集める能力—**集光力**—は，集光装置の面積に比例して大きくなるので，口径が大きいほど（口径の2乗に比例して）集光力が高くなる．また口径によって分解能と極限等級の2つの性能が決まる．

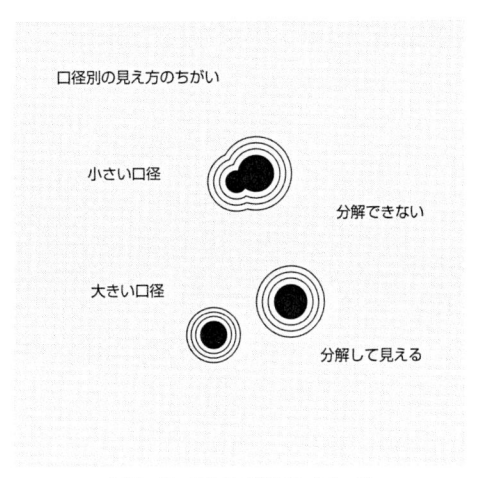

図6・5 口径と分解能のイメージ

望遠鏡の**分解能**とは，近接した星などを見分けることができる最小の角距離のことをいう（図6・5）．分解能は望遠鏡の口径だけで決まる．すなわち，望遠鏡の口径を D (cm)，分解能を ρ（秒角）とすると，

$$\rho = 11.6/D$$

で求められる．分解能が小さいほど，天体の表面の模様などを細かく観察することができる．なお，ここで1秒角とは，1°の1/60（1分角）のさらに1/60に相当する角度である．

また，その望遠鏡で観測できる最大（最暗）の等級を**極限等級**という．肉眼で6等星まで見えるとしたとき，集光力が増した分，より暗い星が見えるとすれば，極限等級は以下のような式で計算できる．ただし，極限等級は実際には空の明るさなどに大きな影響を受けるので，あくまで理想的な状況での下限値である．

$$極限等級 = 6.77 + 5 \log D \, (\text{cm})$$

以上のように，望遠鏡の主要な性能である，集光力・分解能・極限等級などはすべて，望遠鏡の口径のみで決まる．

（2）結像

反射鏡（あるいはレンズ）とそれが作る天体の実像との距離のことを**焦点距離** f という．天体の実像の実際の大きさを x とし，天体の見かけの大きさを θ（角距離）とすると，

$$x = 0.0175 \times f \times \theta \, [°]$$

の関係がある．つまり，焦点距離が長いほど大きな実像が得られる．

また，光学系の明るさを示す尺度を，**F数**あるいは**口径比**という．光学系実像の全光量は口径

第6章

D の2乗に比例する．一方，実像の面積は焦点距離 f の2乗に比例する．よって，星像の単位面積当たりの明るさは $(f/D)^2$ となり，この関係から，

$$F = f/D$$

という量を定義する．この定義により，F数が小さいほど，明るい光学系となる．

（3）拡大

肉眼で見た天体の見かけの大きさと，望遠鏡を通した見かけの大きさの比のことを**倍率**という．集光装置（対物レンズ等）による実像の大きさは集光装置の焦点距離に比例する．接眼レンズは拡大鏡として働き，その拡大率は接眼レンズの焦点距離に反比例する．したがって望遠鏡の倍率は以下の式で得られる．

倍率＝集光装置の焦点距離÷接眼レンズの焦点距離

つまり，焦点距離の違う接眼レンズを選択することによって，望遠鏡の倍率を変えることができる．接眼レンズの焦点距離を短くするほど倍率は高くなる．

未来への指針

天文学者とは……

　天文学者はどのように天体現象をとらえ理解しようとしているのだろうか．

　宇宙を知るための一番の資料は，天体写真や観測データである．観測データを得るための望遠鏡，観測装置やカメラの開発，そしてデータ解析のための計算機ソフトウエアの開発も欠かせない．またそもそも観測データから天体の物理情報を推定するための理論的枠組が必要だ．理論から観測的予想がされる場合も，新しい観測データから新しい理論が構築される場合も，両方ある．観測と理論は両輪のようにかみあいながら，発展しているのだ．さらに実験室内で，宇宙空間の環境を再現する研究もある．

　天文学の土台となっている学問は，非常に広範囲にわたる．数学，物理学，化学，生物学，地学，情報工学，光学，機械工学，電子工学，そして国語や英語をはじめとする語学とコミュニケーション能力などだ．どの分野でもそうだが，研究はしばしば多くの人が協力して行なうので人間関係も重要である．天文学の研究者たちが得た成果は，学会や研究会で発表し，論文として広く公表され，批判を仰ぎつつ，人類共有の財産にしていくのである．そしてそれらの財産を社会に広く公開し，ひとつの文化を形成していくのである．

COLUMN

倍率について

　本文で述べたように,倍率は「集光装置の焦点距離÷接眼レンズの焦点距離」で決まる.学校によくある小型望遠鏡をとして,口径80mm,焦点距離960mmの望遠鏡で考えると,F数(口径比)は「焦点距離÷口径」で決まり,この望遠鏡は「F12」の望遠鏡だといえる.この数字を元に,何を観察するかによって接眼レンズを適切に選択する必要がある.

　　　(F数)×(6〜0.5)=(接眼レンズの焦点距離)

という計算式があり,F12という性能の望遠鏡では,72mm〜6mくらいの焦点距離の接眼レンズを3〜5種類用意すると,ほとんどの天体を見ることができる.具体的な目安としては,下記のようになるだろう.

　　　接眼レンズの焦点距離(倍率)　見やすい天体
　　　40mm(24倍)　視野が広く月の全景が見られる
　　　24mm(40倍)　月のクレーターの細部が見られる
　　　12mm(80倍)　惑星が見られる
　　　6mm(120倍)　惑星の模様がよく見られる

　ちなみに倍率は,接眼レンズを換えることにより,理論的にはいくらでも高くできるのだが,口径(集光能力)を超えた高倍率にしても,実用にはならないことに注意が必要である.天体からやって来る光の量は一定なので,像を拡大するということは,単位面積当たりの光の量が薄まることなり,像が暗くぼやけたり,大気のゆらぎで何を見ているのかわからないような状態となる.ある口径に対する最高倍率には諸説あるが,おおよそ口径(mm単位)の1〜2倍まで,といわれている.80mmの口径の望遠鏡の場合,80倍からせいぜい160倍までが実用的な倍率の限界となる.

第6章

☕ Coffee Break　世界最大の望遠鏡は？

　1609年，ガリレオ・ガリレイが天体観測に初めて用いた望遠鏡は口径4cmだったといわれている．このときから現在に至るまで，望遠鏡は進化するとともに口径は大型化していった（図6・6）．現在，日本国内で最大の望遠鏡は，兵庫県の西はりま天文台にある口径2mの「なゆた望遠鏡」である．日本最大の望遠鏡は，ハワイのマウナケア山頂にある口径8.2mの「すばる望遠鏡」である．また，2009年の時点で世界最大の望遠鏡は，スペインのカナリア諸島にある口径10.4mの「カナリア大望遠鏡」である．

将来の望遠鏡計画として,「The Thirty Meter Telescope (TMT)」の建設が計画されている（図6・7）. これは実効口径 30m の反射望遠鏡である. 主鏡は小さな鏡をたくさん組み合わせたような構造になるとされている.

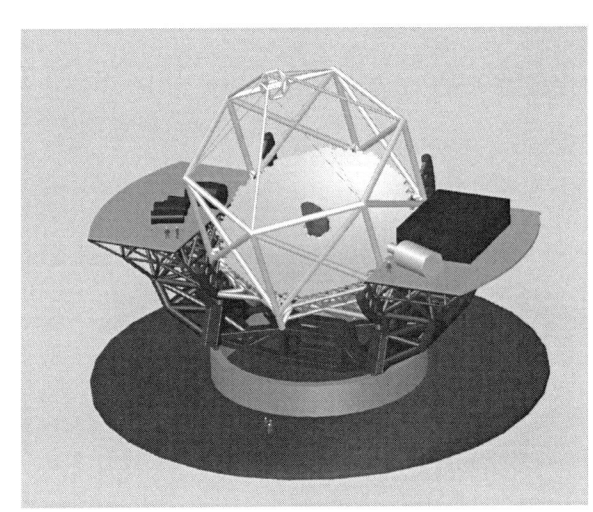

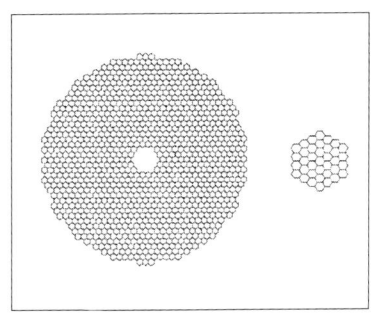

図6・7 The Thirty Meter Telescope (TMT) の計画図

図6・6 いろいろな望遠鏡.
　左上：1609年にガリレオが使っていたとされる望遠鏡（口径4cm）
　　　（© 2010 American Physical Society http://www.aps.org/publications/apsnews/200105/history.cfm）.
　右上：国内最大の望遠鏡である西はりま天文台のなゆた望遠鏡（口径2m）（提供 西はりま天文公園）.
　左下：日本最大の望遠鏡であるすばる望遠鏡（口径8.2m）（提供 国立天文台）.
　右下：世界最大の望遠鏡であるカナリア大望遠鏡（口径10.4m）
　　　（© H. Raab, under the Creative Commons Attribution-Share Alike 3.0 Unported license. http://en.wikipedia.org/wiki/File:GranTeCan_Mosaic.jpg）.

第6章

6.2 望遠鏡の使い方

この節では，学校によくありそうな**屈折望遠鏡**で**経緯台式**の架台をつけている望遠鏡について，その使い方を説明する．このセットは基本的に「精密である」が「脆弱」ではない．倒さないかぎり壊れるようなことはないので大胆に扱って欲しい．ただし，望遠鏡を使用する際の重要な**注意事項**として，決して太陽を望遠鏡で見てはいけない，ことを強調しておく．太陽の光をまともに集めてしまうと，火災の原因にもなるほどなので，そのようなもので太陽を見ようとすれば"失明"するなど大きな危険を伴う．望遠鏡に限らず，科学実験器具の取り扱いでは，その危険性については十分な注意を払う必要がある．

6.2.1 まず準備しよう

望遠鏡で天体観察をする前の準備は，概ね，以下の手順で行なう．

（1）三脚をたてる

①下が水平で，見晴らしのよい場所，特に，その日に見たい星が見やすい場所を選ぶ．

②子どもや観望者の身長に合わせて三脚の長さを調整する．

③三脚をいっぱいに開き，水平であるか，揺れないかを確認する．

（2）接眼レンズを決める

望遠鏡によっては接眼レンズが1つしか付いていない場合もあるが，接眼レンズを換えることによって倍率を調節できる．用途にもよるが，まず低倍率（焦点距離を表わす数字の大きいもの：26mmなど）の接眼レンズから，その後に高倍率（焦点距離を表わす数字の小さいもの：14mmなど）のものを使用する（図6・8）．

（3）焦点を合わせる

この**焦点（ピント）**を合わせる作業は，周辺の景色が見える昼間にやっておきたい．最適な焦点の位置は接眼レン

図6・8 接眼レンズ（左から，焦点距離26mm，14mm，5.5mm）

ズの焦点距離によって異なるので，接眼レンズごとの焦点の場所をドローチューブ（鏡筒の接眼部）に印しておくのも良い．

①適当に山や建物の方を向ける．
②ドローチューブの固定ねじを緩めてから，少しずつハンドルを回し，焦点があったところで止める（図6・9）．
③ねじで固定する．

なお，焦点は個々人の視力によっても少し変わってくる．

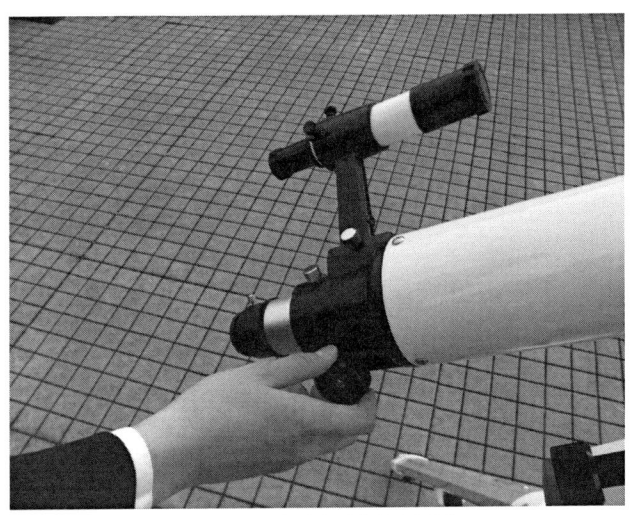

図6・9 焦点（ピント）を合わせる

（4）**ファインダー**を合わせる

このファインダーを合わせる準備も，昼間にやっておきたい．望遠鏡の視野はたいへん狭いので，目的の星を導入するのはなかなか難しい．そこで望遠鏡で星を見る前に，星のおおよその方向へ望遠鏡を向けるために使うのがファインダーである．ファインダーとは要するに視野が非常に広く，また視野に十字線が切ってある，小型望遠鏡である．たとえば遠くの鉄塔の先端（図6・10a）のようなものを使用する．望遠鏡の視野でこれが中央に見えるようにし，ファインダーでのぞくと図6・10b のように見えたとすると，ファインダーの中央と望遠鏡の視野中央とが一致していない（視野がさかさまになっている点に注意），3点のネジで固定されているファインダー（図6・9上側）を調整して，望遠鏡の中央に，ファインダーの中央が一致するように調整する（図6・10c）．暗い夜中にこのような作業をするのは手間がかかるが，周囲が明るい昼間であればそれほどの労力は要しない．

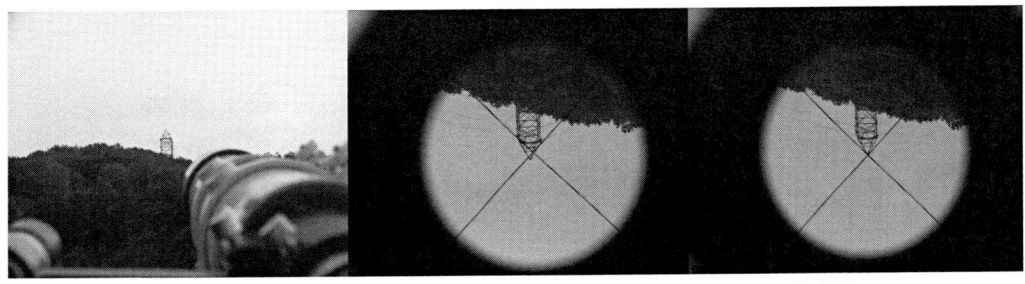

図6・10 (a) 地上の目標，(b) ファインダーの視野，(c) ファインダーの視野（調整後）．

なお3点あるネジは，長さを変えるために回す部分とその長さを固定する部分と二重になっている．望遠鏡の視界とファインダーの視界が一致したら，ファインダーの筒部分にくっつくようにもう一方のネジを固定する．これは文章で説明するとややこしいが，実際に触ってみるとすぐに慣れてくる．

6.2.2 実際に星を観よう

次に実際に星を見る手順をまとめておく．
（1）クランプをゆるめる
架台の**クランプ**（図6・11）を緩めて軸の固定を解き，望遠鏡を手で動かせる状態にする．
（2）見たい天体のおおまかな方向へ望遠鏡を向ける
望遠鏡の視野はたいへん狭いので，低倍率であっても一度で目的の天体を視野内に入れるのはたいへん難しい．まず望遠鏡を手で動かし，見たい天体のおおよその方向へ向け，ひとまずクランプを締め望遠鏡を固定する．
（3）目的の天体を視界に入れる
クランプを締めた状態で，軸の**微動ハンドル**（図6・11）を動かし，視野を微調整する．まず低倍率だが視野が広いファインダーで十字線の中心へ導く．ファインダーが適切に合わせられていれば，この状態で望遠鏡の接眼部の視野内に収まっているので，さらに微調整する．

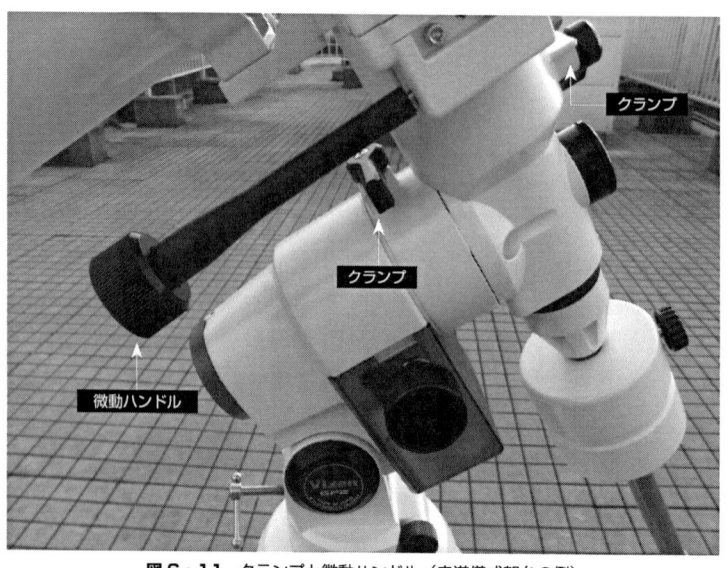

図6・11 クランプと微動ハンドル（赤道儀式架台の例）

（4）天体の日周運動に合わせて追尾する

天体は常に視野内を動き，いずれは逃げてしまうので，架台の軸を微動ハンドルで動かし，日周運動の方向へ適宜追尾する．

6.2.3 「星が見えない」とき

実際にやってみると，なかなか星が見えないときもある．そういうときは以下のようなことも考えられる．

（1）のぞき方が良くない

テレビの画面のように斜めから覗き込む人もいる．鏡筒の奥を覗き込むように声をかけるとよい．

（2）日周運動で視野から逃げた

倍率にもよるが，5分もすると視界の中から星は逃げていく．日周運動を追いかけてもう一度視野内に導入する．

（3）見るときにずらした

子どもたちは接眼部を握ってのぞこうとすることがある．その際に望遠鏡の方向をずらしてしまうことが多い．接眼部をさわらず，筒の奥の方をのぞくつもりで見るように指導する．

（4）ピントがずれた

ドローチューブを固定するネジをしっかりと閉めておかないと，向きを変えたときや，のぞいたときにピントがずれているときがある．

赤道儀の場合

赤道儀式の架台では，準備の手順が2つ増える（その代わり，観望中の手間が大幅に軽減する）．それは，「①極軸を合わせる」ことと「②バランスを合わせる」ことである．

①極軸を合わせる

三脚を開いた後，極軸を北に向ける．また極軸部分は仰角が調整可能なので，観測地の北緯と同じ角度にする．極軸には**極軸望遠鏡**が装着されており（付いていない場合もある），天体の写真撮影を行なうのでなければ，極軸望遠鏡の視野中心に北極星を入れておけば，眼視で観望するには十分な精度である（図6・12）．

天体写真を撮影する場合は，もう少し精度が必要である．図6・13の写真のように，北極星は天体の日周運動の中心から少しずれており，その分，極軸の中心からはずらせて三脚をセッティングする必要がある．極軸には北極星の位置を合わせるように目盛りが入っていることが多いので，架台の取り扱い説明書を参照し，極軸を合わせればよい．

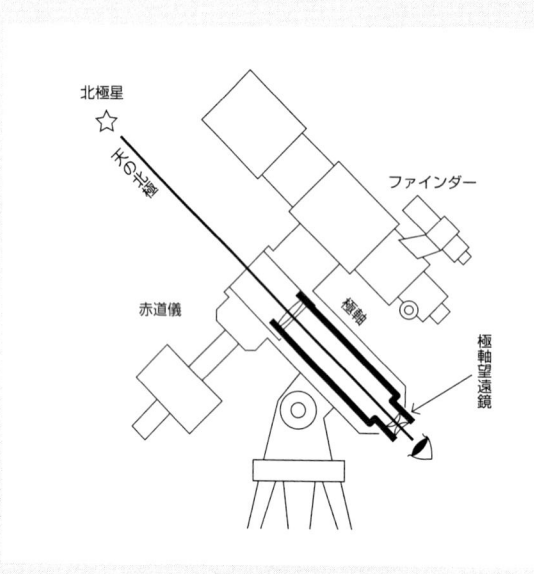

図6・12 極軸と極軸望遠鏡

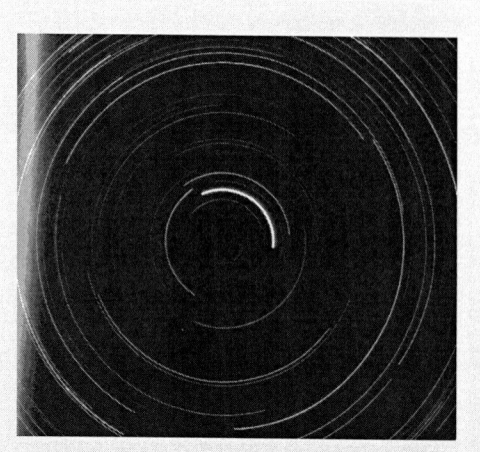

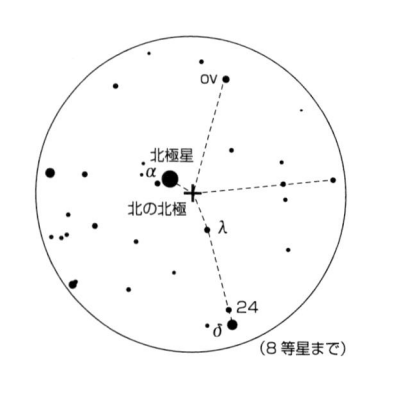

図6・13

COLUMN

②バランスを合わせる

　赤道儀は三脚の真上に望遠鏡が来ないため，向ける方向によっては大変バランスが悪くなる．そのため，望遠鏡を据え付けた反対側におもり（**カウンターウェイト**）を適切な位置に取り付ける必要がある．まず極軸を合わせた後，極軸のクランプを緩め「てこの原理」を用いながら，図6・14のように望遠鏡と釣り合うところでウェイトを固定する．次に，望遠鏡と架台を止めているネジを緩め，筒の位置を前後させ，赤経軸でのバランスも合わせる．これらのバランスがすべて合うと，望遠鏡の方向を変えても望遠鏡全体のバランスがくずれることなく操作がしやすくなる．このバランスをしっかり合わせておかないと，望遠鏡の可動部分に負担をかけ，不具合の原因ともなる．

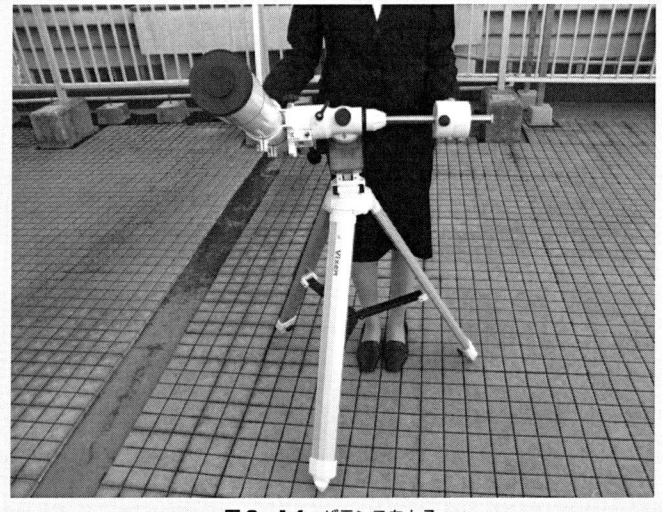

図6・14 バランスをとる

　赤道儀式では，モーターをつけることで，天体を**自動追尾**させることができる．天体の撮影をするときは，数分間から長ければ数時間天体を正確に追尾することがある．眼視観望会であっても，数分ごとに天体を入れ直すことなく観望会を続けることができる．初心者を脱した暁には，赤道儀の使用を考えてみてはどうだろうか．

第6章

6.3 昼間にできること

 天体望遠鏡は夜間に星を観察するだけにしか使えないわけではない．天体望遠鏡を昼間に使ってできることに太陽観察がある．太陽は地球から一番近くにある恒星である．太陽を観察することにより，太陽の表面の様子を知ることができる．
 観察の注意点として，太陽を直接見ることは失明の恐れがあり大変危険である．そのため望遠鏡を使用して太陽を観察する際は，**投影板**に映して観察するか，対物レンズに専用の**太陽観察用フィルター**を付ける．

6.3.1 投影法による太陽観察

 接眼レンズの先に太陽投影板を付けて観察する方法では，太陽の**黒点**を見ることができる．また数日間観察を続けると，黒点の位置の変化も調べることができる．さらに，投影なので大勢が同時に見ることができる．投影板による黒点の観察についての手順は以下の通りである．

（1）投影板の取り付け

 望遠鏡の対物レンズ側に絞りキャップを付け，接眼レンズ側に太陽投影板を取り付ける．レンズの倍率は 40 〜 50 倍程度が良い．安全上の理由からも，望遠鏡の重量バランスを調整し，ファインダーの対物レンズ側にキャップを付けてあることを必ず確認する．気づかずにいると，やけどなどの怪我や失明の危険がある．集光しないスポットファインダーや，取り外しできるものだとより安全である．

（2）天体望遠鏡を太陽に向ける．
 太陽の導入は望遠鏡の鏡筒の影が円になるように動かすと簡単に導入できる（図 6・15）．光学系を通して絶対に覗いてはいけない．

（3）位置合わせ
 太陽投影板を前後に動かし，太陽の像と記録用紙の縁を同じ大きさに合わせる（図 6・16）．太陽投影板に記録用紙をつけ，記録用紙には事前に直径 10 cm ほどの円を書いておく．

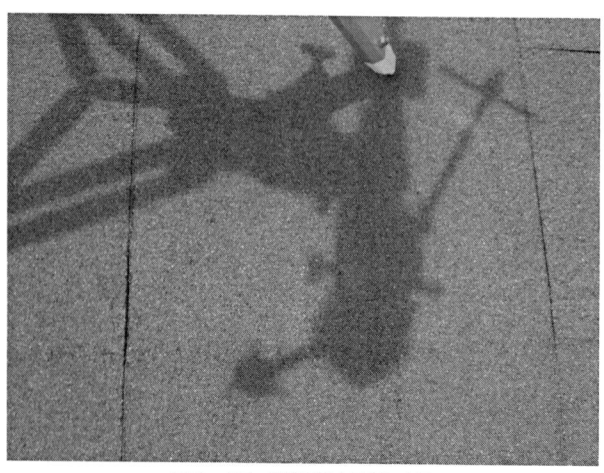

図 6・15 鏡筒の影を目安にする

（4）スケッチ

投影板に観測用紙を置き，大まかな黒点をスケッチする．ピントを合わせ，表面の黒点や白斑，粒状斑などをスケッチする．モーターで追尾していない場合は，記録と望遠鏡の操作を2人で手分けして行なう．記録用紙には必ず西の方位も記入する．方位は追尾をせずにいると太陽像が西に移動して見えるので，記録用紙の枠外にいくつか黒点の点をとると西の方角がわかる．南北は投影の仕方によって異なるので注意する．

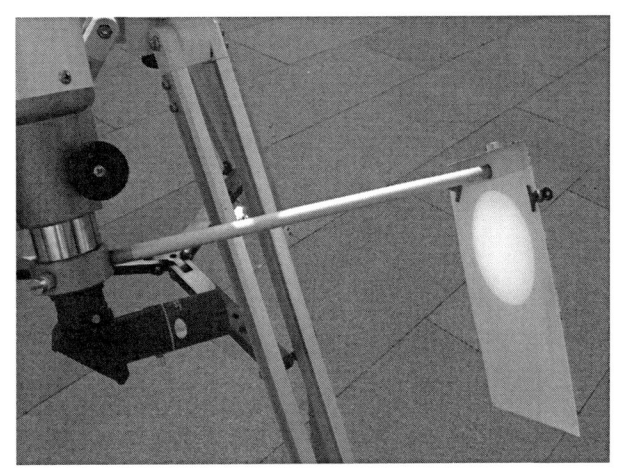

図6・16 投影板に太陽像を入れる

記録用紙には日付，時間，天気，大気の様子，黒点数，黒点群数，白斑数，記録者氏名などを記入する．黒点，は黒点の中の特に暗い部分を暗部，暗部の周りを取り巻くやや明るい部分を半暗部と呼ぶ．黒点はしばしば複数個が集まった状態で現われることが多く，このような黒点の集まりは黒点群と呼ばれる．黒点が1つしか見えないときでも「黒点群」と呼ぶ．

（5）後片づけ

記録が終わったら後片づけする．長時間観察していると，望遠鏡や付属品が熱くなっていることがあるので注意する．

投影法で長期的な観測をする場合は記録用紙の円の大きさなどを事前にそろえておくとよい．定期的に黒点観測を行なうと，スケッチした黒点や白斑の形が太陽周辺に行くにしたがい平たくつぶれている状態がわかり，太陽が球形であることがわかる．他に，黒点が移動していることから太陽が自転していること，黒点が太陽面の緯度によって移動の速さが違うことから太陽の自転周期が緯度により異なることがわかる．この

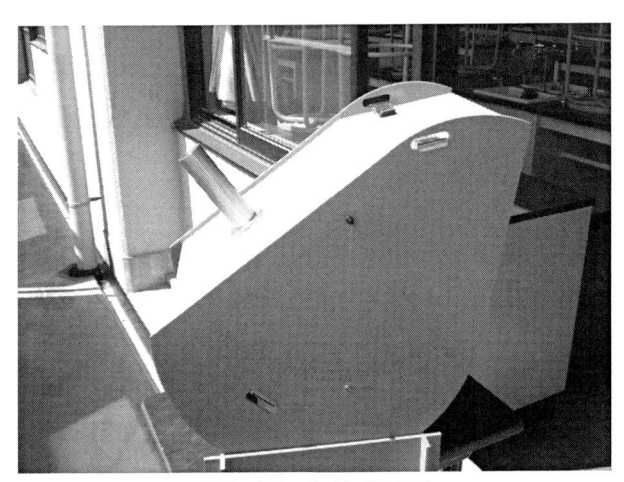

図6・17 ソーラースコープ

第6章

ことによって太陽が固体ではないことが理解できる．

太陽の黒点観測だけならば，太陽望遠鏡（ソーラースコープ）も便利である（図6・17）．こちらは太陽専用であるが，小型で安全性も高く，比較的安価であるため授業で用いやすい．

6.3.2 専用フィルターによる太陽観察

投影法とは違い，対物レンズに専用の太陽観察用フィルターを付けると，投影法に比べプロミネンスなどの細かい太陽表面の観察ができ，太陽を見ていると実感できる．しかし，その専用フィルターが高価であるのと，多人数でいっせいに観察できないのが難点である．また，これらの観察をカメラやビデオで記録しておけば，長期間の観察の比較など行ないやすい．

6.3.3 月の観察について

昼間や夕方に月が見えることがある．そのような日に望遠鏡を活用するのも一案である．月の位置と形の変化を調べる際におけるスケッチの着目点としては，たとえば下記のようなものが考えられる．

- 月の表面の明るい部分と暗い部分の地形の様子を比較する
- 月の中央部と周辺部のクレーターの形の違い
- 月の欠け際と昼間の部分のクレーターの影の長さの違い
- 2, 3日おきに観察を行ない，月の形の変化やクレーターの位置の変化を調べる
- 上記の観察のときに特定のクレーターに着目し，影の長さの変化を調べる．
- クレーターの影のできている方向に注目し，太陽からの光の受け方を考える．

最初にも述べたように，望遠鏡は決して取り扱いが難しい器具ではない．また夜間でないと使えないものではなく，昼間でも工夫すれば十分に活用できる．他の実験器具と同様に注意しないといけない点もあるが（太陽を直接に見ないなど），それらの点には注意を払いつつ，まずは一度使ってみて欲しい．望遠鏡が華奢ではないことがわかるだろう．

おわりに

　天文学の業界には，天文学の研究者や天文愛好家を中心とする学術団体「日本天文学会」というものがあって，これは天文学の研究と発展を推進する団体だが，2008年に創立百周年を迎えた日本でも老舗の学術団体である．また，学校教育や社会教育の現場の人が主な会員である20年ほど前に設立された「天文教育普及研究会」という団体もあって，こちらは天文教育と天文普及について様々な活動をしている団体である．理系離れなどが深刻になり，また天動説を信じている小学生がたくさんいたり，月が8個あると思っている子どもの話が出たりして，数年前から天文教育普及研究会では，現代の天文学について最低限の内容とはどんなものだろうかという議論が起こっていた．

　そのような状態だったところに，2008年に降ってわいたのが，小中高の現場の先生に対する教員免許状更新講習というものであった．教員免許を更新するために10年ごとぐらいに教育大学などで更新講習を受けなければならなくなって，教育現場も教育系大学も大いに混乱した．その際に，天文教育普及研究会では，この機会に，更新講習の場や学校現場などで使えるようなテキストが作成できないだろうかという方向に話が進み，2009年の4月に，福江がまず日本各地にある教育系大学の教員に呼びかけ，それぞれの地区での現場の先生を中心とする本書の執筆メンバーが固まっていった．もっとも，更新講習向けだけではもったいないので，小中高の先生はもとより，高校生や文系の大学生さらには一般の人にも読んでもらえるようなテキストにするため，内容を読みやすく面白いものにしていこうということになった．知っての通り，政権が変わって更新講習の行方は不明になったが（本書の脱稿時期でも不明だが），幅広く読者層を想定していたので，現場の先生はもちろん小学生や中学生にも読んでもらいたい方向で，本書の企画自体は，そのまま進むこととなった．さらに最終的には，天文学を志す若い読者向けに，内容やコーナーなどを配慮した．

　小中高の学校の教科書は学校現場の先生が執筆することも多いが，現場の先生や大学生や一般向けのテキストとなると大学教員など天文学の専門家が執筆するのが普通だろう．実際，福江自身も大学生向けや一般向けのテキストを何冊も上梓してきた．大学教員は専門的な講義もしているし職業柄いろいろな文章を大量に書くことにも慣れているので，少し努力すればテキストを執筆することはできる．しかし，一方，大学教員がテキストを執筆する場合の大きな欠点は，あくまでも大学教員の視点と智慧しか出ないということだ．また大学教員が執筆した原稿に外部からいろいろな智慧を取り込もうにも，そのテキストに対して，たとえば現場の先生が意見を言うのは言いにくいこともあるだろう．そこで本書では，まず現場の先生が最初の粗稿を執筆し，その粗稿を大学の教員が補足したり補強したりする形を採用した．そして最終的には，福江が全体に手を入れて整合性などをはかった．このような方法を採用した結果，小中高の教育現場で教えている現場の先生の視点で基本的な骨組みを決めることができたと思う．また総勢で24人にもの

ぼる執筆者が居るため，各章や全体の調整は難航したものの，たくさんの人数で書いた分だけ文殊の智慧も集まったと思う．最後に本書の隠れた目的としては，テキストを書く経験のあまりない若手の先生にもできるだけ多く参加してもらい，本書の執筆でトレーニングを積んでもらって，学校現場でそのスキルを活かして欲しいと考えた．

　本書の企画が具体的にスタートしてから1年とちょっとの間であったが，ほぼ予定通りにまとまったのも，日々忙しい執筆者の方々が何とか原稿を出していただき，また取りまとめにあたった大学教員にみなさんが上手にまとめてくれたおかげである．それらの努力が実を結び，本書を手に取ったみなさまにとって，天文学の世界へのよい道標になっていることを願っている．

　2010年5月

福江 純

索引

あ

- あかつき ... 62
- 明けの明星 ... 60
- アポロ11号 ... 54
- 天の川 ... 110
- 暗線 ... 89
- アンドロメダ銀河 ... 111
- イトカワ ... 65
- 色指数 ... 101
- 隕石 ... 58
- ウィーンの変位則 ... 90
- 渦巻銀河 ... 118
- 宇宙元素組成比 ... 122
- 宇宙ステーション ... 48
- 宇宙天気予報 ... 48
- 宇宙の大規模構造 ... 114
- 宇宙の晴れ上がり ... 126
- 宇宙飛行士 ... 48
- 海 ... 49
- 閏年 ... 16
- 衛星 ... 58
- HR図 ... 98
- Hα線 ... 42
- X線 ... 88
- エッジワース・カイパーベルト天体 ... 71
- F数 ... 131
- MK分類 ... 97
- エリス ... 71
- 円盤銀河 ... 118
- 掩蔽 ... 68
- オーロラ ... 48
- オゾン ... 62
- 親子説 ... 50
- 温室効果 ... 62

か

- 海王星 ... 68
- 皆既月食 ... 27
- 皆既日食 ... 31
- 外合 ... 61
- 外惑星 ... 59
- 核反応 ... 46
- 核分裂反応 ... 46
- かぐや ... 50
- 核融合反応 ... 42
- 下弦 ... 22
- 可視光 ... 88
- ガス惑星 ... 59
- 火星 ... 63
- カッシーニ ... 67
- 褐色矮星 ... 96
- ガリレオ衛星 ... 66
- ガリレオ・ガリレイ ... 43, 49
- ガリレオ式 ... 129
- カロン ... 71
- 岩石惑星 ... 59
- 桿体細胞 ... 94
- ガンマ線 ... 88
- 輝線 ... 91
- 逆行 ... 58
- 吸収線 ... 89
- 旧暦 ... 29
- 共成長説 ... 50
- 兄弟説 ... 50
- 局所超銀河団 ... 113
- 居住可能領域 ... 63
- 極冠 ... 64
- 銀河 ... 112
- 銀河系 ... 111
- 銀河団 ... 114
- 金環日食 ... 31
- 金星 ... 60
- (金星の)温室効果 ... 62
- 屈折望遠鏡 ... 129

クランプ	138	錯視	95
クレーター	49	朔望月	24
経緯台式架台	130	紫外線	88
夏至	11	視直径	30
月球儀	36	自転	7
月食	26	ジャイアント・インパクト説	50
月齢	23	周極星	8
ケプラー	73	集光力	131
ケプラー式	129	秋分	11
ケプラーの法則	73	主鏡	129
ケレス	64	主系列	99
減光	84	主系列星	99
原始太陽	72	順行	58
原始太陽系円盤	118	春分	11
紅炎	43	春分点	11
光球	42	上弦	22
口径比	131	焦点距離	131
恒星	7	小惑星	64
恒星月	24	小惑星帯	64
恒星日	14	食	85
公転	9	食変光星	85
高度	5	新月	22
黄道	26	新星	85
黄道十二星座	12	彗星	58
光度階級	97	水星	60
氷惑星	59	錐体細胞	94
五行説	74	水平分岐星	99
国際天文学連合（IAU）	71	ステファン・ボルツマンの法則	90
黒体	90	スペースシャトル	48
黒体放射	90	スペクトル	88
黒体放射分布	90	スペクトル型	96
黒点	142	スペクトル分類	96
コペルニクス	73	星雲	111
コロナ	42	星間減光	84
		星座	12
● さ		西方最大離角	61
歳差運動	5	赤化	84
彩層	42	赤外線	88

赤色巨星	99	天体の階層構造	108
赤道儀式架台	130	天動説	7
絶対温度	40	天王星	67
絶対等級	82	天王星型惑星	59
線スペクトル	91	（天王星の）環	68
		電波	89
● た		天文単位	33
ダークマター	119	等級	80
大暗斑	69	冬至	11
大赤斑	66	東方最大離角	61
対物レンズ	129	土星	66
ダイヤモンドリング	34	（土星の）環	66
太陽	40	トリトン	69
太陽活動周期	43		
太陽系	58	● な	
太陽系外縁天体	71	内合	61
太陽日	14	内惑星	59
対流層	42	南中	3
楕円銀河	118	日周運動	7
他人説	50	日食	30
地球	62	熱放射	90
地球温暖化	44	年周運動	10
地球型惑星	59	野尻抱影	74
地軸	4		
地動説	7	● は	
中心核	41	ハーシェル	67
中性子星	99	パーセク	82
超銀河団	114	倍率	132
超新星	85	白色矮星	99
潮汐	51	白道	26
潮汐作用	32, 51	波長	88
潮汐バルジ	52	ハッブルの法則	121
潮汐力	52	ハビタブルゾーン	63
通常物質	119	はやぶさ	65
月	49	半影	26
（月の）海	49	反射望遠鏡	129
天球	11	B 等級	101
電磁波	88	B − V 指数	101

ビッグバン	123
微動ハンドル	138
ひので	44
秤動	55
微惑星	72
ファインダー	137
V等級	101
プトレマイオス	73
フラウンホーファー線	91
プランク分布	90
フレア	43
プロミネンス	43
分解能	131
分裂説	50
平均太陽日	14
平年	16
ヘリオグラフ	44
ヘルツシュプルング―ラッセル図	98
変光星	85
ボイジャー1号	67
ボイジャー2号	68
方位	4
放射層	42
捕獲説	50
星の色	92
補色	95
北極星	8
本影	26

● ま

マウンダー極小期	45
マリナー10号	60
満月	22
見かけの等級	80
三日月	22
緑色の星	95
脈動変光星	85
冥王星	71

メッセンジャー	60
木星	65
木星型惑星	59

● や

宵の明星	60
ようこう	44

● ら

留	58
流星	58
レイリー散乱	25
連星	86
連続スペクトル	89

● わ

環	66, 68
惑星	58

編者紹介

福江 純（ふくえ じゅん）
1956年山口県宇部市生まれ．京都大学理学部卒業．1983年同大学大学院（宇宙物理学専攻）修了．現在，大阪教育大学天文学研究室教授．理学博士．専門はブラックホール天文学で，天文教育やサイエンスデザインにも関心が高い．趣味は，SF，マンガ，アニメ，ゲームなど．主な著書に『そこが知りたい☆天文学』（日本評論社），『宇宙のしくみ』（日本実業出版社），『ブラックホール宇宙』（ソフトバンククリエィティブ）など．
ホームページ（http://quasar.cc.osaka-kyoiku.ac.jp/~fukue/）

仲野 誠（なかの まこと）
1956年大阪府寝屋川市生まれ．京都大学理学部卒業．1985年同大学大学院（宇宙物理学専攻）単位取得退学．現在，大分大学教育福祉科学部教授．理学博士．星の誕生領域や若い星の観測的研究を，さまざまな波長域で行なっている．さらに，惑星形成やSETIにも関心がある．天文教育や普及も楽しみたい．最近のお気に入りはクロスバイクと湧き水．科学館のない大分にも科学館を．
ホームページ（http://www2.ed.oita-u.ac.jp/~astro/mnakano/）

西浦慎悟（にしうら しんご）
1971年大阪府門真市生まれ．関西学院大学理学部（現理工学部）物理学科卒業．1999年，東北大学大学院理学研究科天文学専攻修了．現在は東京学芸大学教育学部助教．理学博士．大学時代は生物物理学の研究室で，タンパク質の構造安定性を研究．現在の専門は，光・赤外線観測による銀河天文学．趣味は剣道（三段）と文を書くこと，トンデモ本を探すことなど．
ホームページ（http://astro.u-gakugei.ac.jp/~nishiura/）

松村雅文（まつむら まさふみ）
1959年広島市生まれ．東北大学理学部卒業．1989年同大学大学院（天文学専攻）修了．大阪市立科学館学芸員補を経て，現在，香川大学教育学部教授．理学博士．専門は星間物理学，とくに宇宙の塵による光散乱の理論的および観測的研究．銀河の写真を見て，塵の多い銀河には知的文明の数も多いのだろうかと想像している．最近は，江戸時代の讃岐の科学技術者である久米通賢の研究も行なっている．
ホームページ（http://www.ed.kagawa-u.ac.jp/~matsu/）

富田晃彦（とみた あきひこ）
1967年大阪市生まれ．京都大学理学部卒業．1996年，同大学大学院理学研究科博士後期課程（宇宙物理学専攻）を修了．理学博士．現在，和歌山大学教育学部教授，和歌山大学宇宙教育研究所所員．専門は，銀河天文学，とくに銀河における星形成についての光学観測研究．また，天文教育を核とした科学教育や幼児教育にも手を広げる．妻は植物生理生態学の研究者．
ホームページ（http://www.wakayama-u.ac.jp/~atomita/）

松本 桂（まつもと かつら）
1972年兵庫県姫路市生まれ．1995年大阪教育大学教育学部卒業．2000年京都大学大学院理学研究科（物理学・宇宙物理学専攻）博士後期課程修了，理学博士．現在，大阪教育大学講師．専門は天体物理学，とくに激変星などの突発的天体現象の光学観測研究．
ホームページ（http://quasar.cc.osaka-kyoiku.ac.jp/~katsura/）

[JCOPY] ＜（社）出版者著作権管理機構 委託出版物＞

本書の無断複写は著作権法上での例外を除き禁じられています。複写される場合は、そのつど事前に、（社）出版者著作権管理機構（電話 03-3513-6969、FAX 03-3513-6979、e-mail: info@jcopy.or.jp）の許諾を得てください。

版権所有
検印省略

天文マニア養成マニュアル
未来の天文学者へ送る先生からのエール

福江 純 編

2010年8月12日	初版1刷発行
2020年2月28日	第3刷発行
発行者	片岡 一成
印刷・製本	株式会社デジタルパブリッシングサービス
発行所	株式会社恒星社厚生閣

〒160-0008　東京都新宿区三栄町8
TEL　03（3359）7371（代）
FAX　03（3359）7375
http://www.kouseisha.com/

ISBN978-4-7699-1228-6 C1044

（定価はカバーに表示）

学びなおしの天文学 基礎編・応用編　松森靖夫 著

A5判／216頁（基礎編）・178頁（応用編）／並製／各 2,205 円（本体 2,100 円）

＜基礎編＞　小・中学校で学ぶ天文学の知識を完璧マスターするための基礎的な知識と考え方が身につく本。ステップ１～17 へと順序立てて学べる「ステップ学習方式」。課題に対して自分の考えを書き込む「チャレンジ」と簡単な観測や実験を紹介する「クイックラボ」に挑戦しながら退屈せずに理解を深められる。

＜応用編＞　小・中学校で学ぶ天文学の主な内容，星や星座の見かけの位置や動き，北極星を探し出す方法，季節ごとの星座，月と太陽，月の満ち欠けなどが 24 のステップで無理なく理解できる。授業では理解や納得ができなかった種々の天文現象の疑問が，天動説的な見方を中心にした分かりやすい解説で氷解すること請け合いである。

新版 100億年を翔ける宇宙　加藤万里子 著

B5判／172頁／並製／2,310 円（本体 2,200 円）

　現代天文学が明らかにした宇宙の姿を示し，宇宙の中で地球と人間のおかれた位置を明らかにすることをねらいに，宇宙の姿や天体の紹介，人の宇宙の認識の変遷，宇宙で起こった主な出来事を時間どおりに追っていく。昨近の天文学の進展による新知見，新画像などを数多く取り入れた。巻末には触ってわかるバリアフリー版 1 頁添付。2010 年 3 月内容を一部改訂，新しいカバーで刊行！

新装版 星座の神話 －星座史と星名の意味－　原 恵 著

A5判／330頁／並製／2,940 円（本体 2,800 円）

　星座物語は人類の歴史とともに歩み，人々の夢とロマンを反映させた一大スクリーンである。本書はそれらの星名の意味や，星座の成立の背景などについて書かれたもので，ギリシャ神話に登場する星や星座については我が国の類書の中でも最も優れたものであろう。星座史学の確立を目指した名著である。